Florian Aigner

Die Wirklichkeit ist auch nicht wahr

FLORIAN AIGNER

DIE WIRKLICHKEIT IST AUCH NICHT WAHR

Die faszinierende Physik der Sinne – und wie sie unsere Wahrnehmung bestimmt

Brandstätter

INHALT

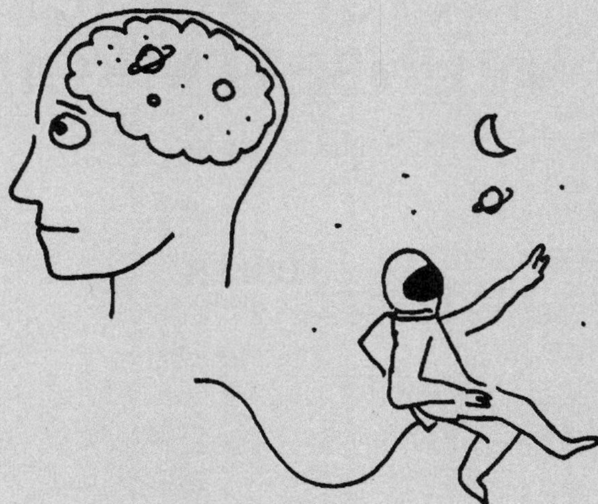

KAPITEL 1

DAS UNIVERSUM IN UNSEREM KOPF

Ein gefährliches Abenteuer im Weltraum, ein blinder Röhrenwurm am Grund des Ozeans und die merkwürdige Frage, ob die Welt überhaupt existiert: Die Wirklichkeit da draußen ist etwas ganz anderes als das Bild von der Welt, das in unserem Kopf entsteht.

Es gibt viel zu sehen in unserem Universum. Aber manchmal ist das nicht so einfach. Der italienische Astronaut Luca Parmitano schwebte im Jahr 2013 bei einem Weltraumspaziergang schwerelos durchs All und hatte ein ernstes Problem.

Eigentlich war anfangs alles nach Plan gelaufen. Luca Parmitano hatte die Internationale Raumstation ISS verlassen, um an der Außenseite einfache Aufgaben zu erledigen. Ein langes Spannseil hielt ihn fest und sorgte dafür, dass er nicht ins Weltall davondriften konnte. Doch plötzlich fühlte er Feuchtigkeit an seinem Hinterkopf: Offenbar breitete sich im Inneren seines Helms Wasser aus. Hatte vielleicht die Trinkflasche ein Leck, die in den Raumanzug eingebaut war?

Wirklich gefährlich erschien ihm die Sache nicht, aber er wusste: Wasser im Helm kann problematisch werden, wenn es ins Ohr eindringt. In der Schwerelosigkeit des Weltraums ist es fast unmöglich, das Wasser aus dem Ohr herauszuschütteln. Das Ohr bleibt dann blockiert, bis man wieder ins Innere der Raumstation zurückgekehrt ist.

Luca Parmitano informierte also über Funk die Bodenstation in Houston über seine Situation. Er spürte: Das Wasser wurde immer mehr. Ein großer, schwereloser Wasserblob breitete sich langsam über seinen Kopf aus und erreichte seine Stirn. Die Mission Control in Houston beschloss, den Weltraumspaziergang abzubrechen. Parmitano erhielt die Anweisung, ins Innere der Raumstation zurückzukehren.

Doch plötzlich verschwand die Sonne hinter dem Horizont. Im Weltraum gibt es keine Atmosphäre, die für Dämmerlicht sorgen könnte – ganz abrupt wird heller Tag von allerschwärzester Dunkelheit abgelöst, wie man sie auf der Erde kaum kennt. Und gleichzeitig musste Parmitano auf seinem Weg durch das Dunkel des Weltraums auch noch seine Richtung ändern. Dabei schwappte das Wasser im Helm herum und bedeckte nun plötzlich seine Augen, seine Ohren und seine Nase.

Luca Parmitano konnte nun nichts mehr sehen, nichts mehr hören, nichts mehr riechen. Einzig und allein sein Tastsinn war jetzt noch übrig. Aber auch der war nur eingeschränkt benutzbar: Die Handschuhe eines Weltraumanzugs sind luftgefüllt und blähen sich im Vakuum des Weltalls auf. Viel Fingerspitzengefühl hat man damit nicht. Außerdem darf man mit diesen Handschuhen das Spannseil nicht anfassen, das den Raumanzug mit der Raumstation verbindet. Das Seil ist aus Metall, die Handschuhe könnten dabei kaputtgehen.

Das Spannseil ist allerdings so konstruiert, dass es immer einen leichten Zug ausübt. Dadurch lässt sich die Richtung erspüren, in die man sich bewegen muss. Dieses Gefühl war nun Parmitanos einziger Wegweiser. Langsam und vorsichtig arbeitete er sich zur Luke zurück. Er versuchte währenddessen, der Bodenstation per Funk die Situation zu erklären – aber niemand konnte ihn hören, denn auch das Mikrofon war nass geworden und ausgefallen.

Als gut ausgebildeter Flugzeug-Testpilot wusste Parmitano, wie man mit gefährlichen Situationen umzugehen hat:

Panik ist keine Option. Was passiert ist, ist passiert. Was zählt, ist bloß, jetzt das Richtige zu tun. Und so blieb er ruhig und erreichte schließlich die Einstiegsluke, wo ihn sein Kollege Chris Cassidy empfing und in die Luftschleuse bugsierte.

Noch war die Situation nicht geklärt: Es dauert nämlich immer einige Minuten, bis der Luftdruck in der Schleuse so weit gestiegen ist, dass man den Helm abnehmen kann. Parmitano blieb nichts anderes übrig, als zu warten. Nach wie vor konnte er weder sehen noch hören. Das Team der Raumstation war höchst besorgt: Ungefähr zwanzig Minuten waren seit Parmitanos letztem Funkspruch vergangen – und nun schwebte er zusammen mit Cassidy in der Luftschleuse, bewegungslos und ohne Kommunikation. Aber Cassidy drückte Parmitanos Hand – und Parmitano drückte zurück. Ein klares Lebenszeichen. „Luca ist ok", ließ Cassidy das Team wissen.

Auf der Erde, in der Bodenstation der NASA, hatte man sich unterdessen viel weniger Sorgen gemacht. Auch wenn der Funkkontakt abgebrochen war, bekam man dort nämlich immer noch Daten von Parmitanos Pulssensor. Man wusste also: Parmitanos Herz schlug noch – und es schlug nicht wesentlich schneller als sonst. Der Astronaut war also offensichtlich nicht in Panik, die Situation war somit allem Anschein nach unter Kontrolle.

Später fand man heraus: Das Kühlsystem im Raumanzug hatte Flüssigkeit verloren. Das Problem wurde behoben, und heute ist die Gefahr, blind und taub durch die Nacht zu gleiten, deutlich geringer. Zumindest für Astronauten bei einem Weltraumspaziergang. Für andere Lebewesen hingegen ist es ganz normal, ohne Sehen und Hören auszukommen.

RIFTIA, DER BLINDE, TAUBE RÖHRENWURM

Im Pazifik, zweieinhalbtausend Meter unter dem Meeresspiegel, gibt es Leben, das uns Menschen völlig fremdartig erscheint. Dort, wo die tektonischen Platten der Erdkruste auseinanderdriften, strömt heißes Wasser aus dem Untergrund, angereichert mit Schwefelwasserstoff. Für uns Menschen ist das ein übelriechendes, hochgiftiges Gas – doch dort, an den hydrothermalen Quellen am Meeresgrund, ist Schwefelwasserstoff die Basis für ein ganzes Ökosystem.

Sonnenlicht dringt in diese Tiefen praktisch nicht vor. Pflanzen, die mithilfe von Photosynthese Energie gewinnen, haben dort keine Chance. Es gibt aber spezielle Bakterien, die sich darauf spezialisiert haben, Schwefelwasserstoff chemisch umzuwandeln und dabei ihre Energiespeicher aufzuladen. Die Biomasse, die durch diese „Chemosynthese" entsteht, können dann auch andere Lebewesen nutzen.

Eines dieser Lebewesen ist Riftia pachyptila, ein Tier, das ungefähr so aussieht, wie in Science-Fiction-Filmen fremdartige Aliens auf weit entfernten Planeten dargestellt werden. Riftia ist ein Röhrenwurm mit einer Länge von ungefähr zwei Metern. Sein knochenloser, weicher Körper, gekrönt von einer tentakelartigen Spitze, steckt in einer festen röhrenförmigen Schale, angewachsen am Meeresgrund.

Im Gegensatz zu fast allen anderen Tieren, die wir kennen, hat Riftia weder einen Mund noch einen Magen. Der Wurm kann keine Nahrung aufnehmen, er kann auch nicht verdauen. Sein Überleben hängt ausschließlich von Chemosynthese-Bakterien ab, die in seinem Inneren wohnen und ihren Gastgeber mit wertvoller Energie versorgen. Riftia kümmert sich währenddessen darum, dass die Bakterien die richtige Menge von Schwefelwasserstoff erhalten – je nachdem, ob gerade zu viel oder zu wenig Schwefelwasserstoff im Wasser ist, passt Riftia die Durchblutung an oder zieht die Tentakel ein.

Wie ist es, Riftia pachyptila zu sein? Wie fühlt sich die Welt an, wenn man ein Röhrenwurm ist, angewachsen am Meeresboden, zweieinhalb Kilometer unter der Wasseroberfläche? Wir wissen es nicht. Die Frage ergibt keinen Sinn – es ist so ähnlich, als würden wir nach der Farbe der Zahl Pi fragen oder nach dem Geschmack einer Mozart-Sonate. Wenn wir so etwas fragen, vermischen wir Kategorien, die einfach nicht zusammenpassen.

Mit einem menschlichen Gehirn lässt sich nicht nachvollziehen, wie sich die Welt einem Röhrenwurm präsentiert – umgekehrt funktioniert das ebenso wenig. Ganz egal, welche Signale die Zellen im Nervensystem des Wurms miteinander austauschen, es wird immer etwas fundamental anderes sein als die Nervenaktivität in einem menschlichen Gehirn, die durch den Anblick eines Regenbogens ausgelöst wird. Und ebenso gibt es kein Nervensignal im Kopf eines Menschen, das dem Gefühl eines Röhrenwurms entspricht, wenn er feststellt, dass sich im Wasser ringsherum gerade genau die richtige Menge an Schwefelwasserstoff befindet.

Wahrnehmungen der einen Spezies haben einfach keine Entsprechung in der Wahrnehmungswelt der anderen Spezies. Genau wie man die Rädchen einer Uhr so lange herumdrehen kann, wie man will – der innere Zustand der Uhr wird niemals dem inneren Zustand eines Taschenrechners entsprechen. Oder dem inneren Zustand eines Rosinenkuchens, der beim Backen langsam aufgeht. Uhren und Rosinenkuchen sind nicht aufeinander abbildbar. Genauso wenig wie die inneren Wahrnehmungen von Röhrenwürmern und Menschen.

EVOLUTIONÄRE ERKENNTNISTHEORIE: DIE SINNE MÜSSEN SINNVOLL SEIN

Jedes Lebewesen ist ständig von einem wirren Informationsgewimmel umgeben - von verschiedenen Teilchen, von unterschiedlichen Chemikalien, von Strahlung und Temperatur. Vieles davon bleibt völlig unbemerkt. Riftia pachyptila zum Beispiel hat keine Augen - die wären zweieinhalb Kilometer unter der Wasseroberfläche auch ziemlich nutzlos, denn dort herrscht Tag und Nacht ewige Finsternis. Auch Ohren hat Riftia keine. Berührungen kann der Wurm aber wahrnehmen: Versucht man ihn anzufassen, zieht er sich in seine Röhre zurück. Dadurch kann sich das Tier schützen, das bringt einen deutlich größeren Vorteil, als Augen in der Tiefsee bringen könnten.

Wir Menschen hingegen verbringen einen großen Teil unseres Lebens im Sonnenlicht - da ist Sehen durchaus eine nützliche Fähigkeit. Was wir von unserer Umwelt wahrnehmen, hängt also einfach davon ab, welche Information für uns hilfreich ist und welche nicht.

Das ist die Grundidee der „Evolutionären Erkenntnistheorie“: Wahrnehmungen, die unsere Überlebenschancen erhöhen, setzen sich im Lauf der Evolutionsgeschichte eher durch. Das Tier, dessen Augen ein bisschen besser dafür geeignet sind, die lebensgefährliche Raubkatze rechtzeitig zu entdecken, hat etwas größere Chancen, seine Erbinformation an die nächste Generation weiterzugeben. Die nächste Generation kann somit im Durchschnitt ein kleines bisschen besser sehen als die vorangegangene. Und so entwickeln sich über lange Zeiträume primitive Lichtwahrnehmungsorgane zu exzellenten Hochleistungsaugen.

Aber nicht jede theoretisch mögliche Sinneswahrnehmung ist auch wirklich sinnvoll. Was wäre zum Beispiel, wenn ein Mensch plötzlich das Edelgas Argon wahrnehmen könnte? Argon ist ein ganz normaler Bestandteil der Luft, aber es hat auf unseren Körper keinen relevanten Einfluss, es ist für uns völlig unsichtbar, geschmack- und geruchlos.

Stellen wir uns vor, irgendwann in der frühen Menschheitsgeschichte wären außerirdische Lebewesen auf der Erde gelandet und hätten einem unserer Vorfahren in einem moralisch höchst fragwürdigen Gentechnik-Experiment die Fähigkeit verpasst, Argon zu spüren. Hätte sich diese Fähigkeit durchgesetzt? Hätten sich im Lauf der Zeit immer bessere Argon-Detektoren entwickelt? Wären sie über Jahrtausende zum genetischen Standardrepertoire der Menschheit geworden?

Nein, ziemlich sicher nicht. Argon zu detektieren, wäre für Menschen nämlich ziemlich sinnlos. Es ist für uns normalerweise völlig egal, ob wir von etwas mehr oder etwas weniger Argon umgeben sind. Einem prähistorischer Homo erectus mit der exotischen Fähigkeit, Argon zu fühlen, wäre zwar eine Facette der Wirklichkeit zugänglich gewesen, die seinen Artgenossen verborgen geblieben wäre, man könnte sagen, in gewisser Weise wäre sein Leben sinnlich reichhaltiger und interessanter verlaufen als das Leben seiner Freunde, aber genützt hätte es ihm nichts.

Er hätte deshalb nicht mehr Nahrung gefunden, er hätte sich dadurch nicht besser vor Gefahren schützen können, er hätte daraus keinen Fortpflanzungsvorteil gewonnen. Sein Körper hätte aber Energie aufwenden müssen, um seinen Argon-Detektionsmechanismus hervorzubringen. Wenn solchen Energiekosten kein echter Nutzen gegenübersteht, wird ein solches sinnloses Zusatzorgan von der Evolution im Lauf der Zeit sicher wieder entfernt.

Die evolutionäre Erkenntnistheorie sagt: Unsere Sinne sind nicht dazu da, uns mit Wahrheit zu versorgen. Sie sind nicht auf Korrektheit ausgelegt, nicht auf Präzision und schon gar nicht auf Vollständigkeit. Sie sind darauf ausgelegt, uns genau jene Eindrücke zu liefern, die mit möglichst großer Wahrscheinlichkeit unser Überleben sichern.

Alle Lebewesen nehmen genau jene Aspekte der Welt wahr, deren Wahrnehmung sich für ihre Spezies bewährt hat. Welche das sind, hängt davon ab, ob man ein Röhrenwurm ist oder ein Mensch, eine Fledermaus oder eine Honigbiene. Kein Sinnesapparat ist perfekt, jeder bietet nur Zugriff zu einem Teil der Wirklichkeit. Aber jeder ist in gewissem Sinn optimal – angepasst über viele Millionen Jahre Evolutionsgeschichte.

SCHATTENWISSENSCHAFT IN DER HÖHLE DER SINNE

Stellen wir uns Menschen vor, die schon ihr ganzes Leben lang in einer Höhle angekettet sind. Sie können nur die Rückwand der Höhle beobachten, der Blick zum Eingang ist ihnen verwehrt. Doch ab und zu bewegt sich etwas am Eingang vorbei – ein Mensch, ein Tier, ein Gegenstand, der von jemandem vorbeigetragen wird.

Dann sehen die Gefangenen einen Schatten über die Höhlenwand huschen. Die Menschen, Tiere und Dinge, die diese Schatten verursachen, haben sie in ihrem Leben noch nie gesehen. Ihre gesamte Wahrnehmung beschränkt sich auf die flüchtigen Schatten an der Wand. Für diese Gefangenen sind diese Schatten die Wirklichkeit. Etwas anderes gibt es für sie nicht.

Sie versuchen nun, die Schatten zu verstehen. Sie erkennen gewisse Regelmäßigkeiten. Manche Figuren kommen jeden Tag wieder, sie gehen morgens am Höhleneingang vorbei und abends noch einmal, aber in entgegengesetzte Richtung.

Die Gefangenen beobachten das über Jahre und können irgendwann gewisse Schattenwürfe ziemlich gut vorhersagen. Sie betreiben eine Art Schattenwissenschaft. Doch die wahre Natur der Dinge, die all dem zugrunde liegen, ist ihnen nicht zugänglich. Viele Aspekte der Wirklichkeit kommen in ihrem Denken, ihrer Wahrnehmung und ihrer Schattenwissenschaft gar nicht vor: Farben etwa lassen sich an den Schatten prinzipiell nicht ablesen. Von den Geräuschen da draußen hören die Gefangenen höchstens ein dumpfes Echo, von Geruch und Geschmack der Dinge, die es dort draußen gibt, haben sie keine Ahnung.

Das ist das berühmte Höhlengleichnis, das in ähnlicher Form vom griechischen Philosophen Platon niedergeschrieben wurde. Bei Platon ist der Zusammenhang zwischen der Wirklichkeit und der Wahrnehmung der Höhlenbewohner noch etwas indirekter, dort sehen die Gefangenen nämlich nicht einmal die Schatten echter Objekte, die am Eingang vorbeiziehen, sondern bloß die Schatten von Bildern und Statuen – aber die Grundidee ist klar: Wir alle, so glaubt Platon, sind wie die Gefangenen in der Höhle. Es gibt eine Wirklichkeit, die in gewissem Sinn vollkommener, wirklicher, wahrhaftiger ist als das, was wir wahrnehmen. Zu dieser Wirklichkeit haben wir aber keinen direkten Zugang. Alles, was wir über unsere Sinne aufnehmen können, ist bloß ein Abklatsch, ein Schatten der wahren Welt. Und wie beim Schattenwurf zwangsläufig wichtige Aspekte der Wirklichkeit verloren gehen, muss auch jede Sinneswahrnehmung immer unvollständig bleiben – ganz egal, ob man ein Mensch ist oder ein Röhrenwurm.

Die moderne Philosophie betrachtet die Sache heute etwas differenzierter. Manches, was uns als unbestreitbarer Teil der Realität erscheint, ist vielleicht nur ein Produkt unseres eigenen Denkens.

Bei manchen Dingen werden wir uns ziemlich rasch darauf einigen können, dass sie ein Element einer objektiven, von uns unabhängigen, „echten" Welt sind. Die Planeten unseres Sonnensystems können wir als kleine helle Punkte am Nachthimmel sehen. Das liegt daran, dass es diese Planeten wirklich gibt – als physische Objekte, die um die Sonne kreisen. Man kann sie fotografieren, man kann Raumsonden hinschicken, man kann Stücke von ihnen einsammeln und zur Erde bringen. Genauso können wir davon ausgehen, dass es unterschiedliche Obstsorten, Tierarten und Kristallstrukturen gibt.

Bereits etwas komplizierter ist das Konzept der Farbe. Existieren Farben wirklich? Sind Farben Teil der physischen Realität, die unabhängig von uns existiert? Oder sind sie eher ein Konzept in unserem Kopf, wie Demokratie oder eine Vorliebe für Zartbitterschokolade?

Natürlich haben Farben etwas mit der realen, physikalisch beschreibbaren Welt zu tun. Licht kann unterschiedliche Wellenlängen haben, die wir als unterschiedliche Farben wahrnehmen. Aber heißt das nun, dass Wellenlängen und Farben dasselbe sind? Ist das Konzept „Farbe" in unserem Kopf nur ein Abklatsch, ein „platonischer Schatten" des physikalischen Konzepts „Wellenlänge"? Sind Lichtwellenlängen die „echte", „wahre" Realität und Farbwahrnehmungen nur ihr abgeschwächtes, verfälschtes Echo, das in unserem Kopf übrig bleibt? Ganz so einfach ist die Sache auch nicht, wie wir noch feststellen werden.

Noch komplizierter wird das Nachdenken über die Realität, wenn wir über politisch oder moralisch aufgeladene Begriffe sprechen: Gibt es „Menschenrassen"? Das erschien über Jahrhunderte ähnlich selbstverständlich wie die Existenz von Planeten oder unterschiedlichen Obstsorten. Doch eigentlich ist es falsch.

Es gibt unterschiedliche Hautfarben, aber im biologischen Sinn lassen sich bei Menschen keine „Rassen" definieren. Zwei Personen mit sehr unterschiedlicher Hautfarbe können genetisch gesehen viel enger miteinander verwandt sein als zwei Leute mit fast identischer Pigmentierung. Wir haben uns im Lauf der Menschheitsgeschichte immer schon miteinander vermischt, wir sind alle ziemlich eng miteinander verwandt. „Menschenrassen" sind ein sozial konstruiertes Konzept. Sie sind eine Vorstellung, die sich über lange Zeit kulturell entwickelt hat, kein Bestandteil naturwissenschaftlicher Wirklichkeit.

Man muss also vorsichtig sein, wenn man sich vorstellt, dass es irgendwo da draußen die „absolute Wahrheit" gibt, völlig objektiv und unabhängig von uns. Manches von dem, was wir für „äußere Wirklichkeit" halten, ist vielleicht nur ein Produkt unseres eigenen Denkens.

VIELLEICHT GIBT ES NUR MICH?

Wenn man Spaß daran hat, verrückte Ideen auszuprobieren, kann man diesen Gedanken bis ins äußerste Extrem übertreiben und überhaupt leugnen, dass es eine Wirklichkeit gibt. Schließlich ist das nicht beweisbar. Vielleicht gibt es gar keine Welt, sondern nur mich! Meine Gedanken sind das Einzige, von dem ich absolut garantiert weiß, dass es existiert! Möglicherweise ist alles andere nur Einbildung. Vielleicht ist das ganze Universum nur ein Traum, der in meinem Denken wohnt und nirgendwo sonst?

Als „radikalen Solipsismus" bezeichnet man diese Sichtweise – und sie kann prinzipiell nicht widerlegt werden. Von jedem Beweis dafür, dass es doch so etwas wie eine wirkliche Welt gibt, kann ich schließlich behaupten: Dieser Beweis ist auch bloß eine Einbildung, die sich mein Kopf gerade zurechtträumt. Logisch betrachtet kann man sich auf diesen Standpunkt zurückziehen, aber dann sollte man sich nicht darüber wundern, wenn man ein ziemlich trauriges Leben führt.

Es gibt dann nämlich eigentlich nichts Sinnvolles mehr zu tun. Warum soll ich mit anderen Leuten reden, wenn es sie gar nicht gibt? Warum soll ich etwas über die Welt herausfinden wollen, wenn ich sie mir selbst ausgedacht habe? Warum soll ich die Eisenbahnschienen verlassen, auf denen ein Schnellzug heranrast, wenn der Schnellzug doch auch nur ein Produkt meiner Vorstellung ist?

Auch der britische Philosoph Bertrand Russell beschäftigte sich mit dem Problem des Solipsismus. Eines Tages erhielt er einen Brief von einer berühmten Logikerin. Sie sei Solipsistin, schrieb sie ihm, und wundere sich, dass es sonst keine Solipsisten gebe. Dass dieser Gedanke gerade von einer Logikerin kam, schrieb Russell, war für ihn dann doch überraschend.

Rupert Riedl, einer der Väter der Evolutionären Erkenntnistheorie, meinte: „Ich bin persönlich überzeugt, dass ich einen ganzen Solipsistenkongress mit einem entkommenen wilden Nashorn in die Flucht treiben könnte." Da hatte er wohl recht: Solipsismus ist keine Philosophie, die von irgendjemandem in der Praxis gelebt wird. Und mehr muss man dazu eigentlich nicht sagen.

EIN MODELL DER WELT IM KOPF

Wir können uns also normalerweise darauf einigen, dass es eine Welt gibt. In dieser Welt gibt es Dinge. Es gibt Elementarteilchen und Atome und Moleküle. Es gibt komplizierte Kombinationen aus solchen Teilchen, denen man dann einen bestimmten Namen geben kann. Zum Beispiel „Butterblume". Oder „Katze". Oder „Spiralgalaxie". Dinge können physikalische Eigenschaften haben, etwa Lichtreflexionskoeffizienten, Temperaturen, Geschwindigkeiten. Das Universum ist ein Gewimmel unzähliger Tatsachen, die miteinander zusammenhängen und sich ständig verändern.

Über eine ungeheure Vielfalt von Dingen, Eigenschaften und Zusammenhängen können wir nachdenken. Dabei findet unser gesamtes Denken und Empfinden in einem kleinen, merkwürdig zerfurchten Materieblob statt, den wir niemals verlassen können – in unserem Gehirn. Ein schwabbeliger Klumpen aus Proteinen und Fett, mit einem Volumen, das ungefähr fünf Kaffeebechern entspricht.

Egal, wie dumm oder klug wir sind, egal, ob wir über die Geheimnisse der Tiefsee nachdenken oder über den äußersten Rand des beobachtbaren Universums: All unsere Gefühle, Ideen und Hoffnungen wohnen in unserem Gehirn, eingeschlossen von unserer Schädeldecke, abgeschirmt vom Rest der Welt, für immer beschränkt auf ein lauwarm-feuchtes Stück Gewebe.

Unser Hirn kann nichts sehen, nichts hören, nichts riechen. Nicht einmal Schmerz empfinden kann es. Wenn man eine Nadel ins Gehirn steckt, beschädigt das vielleicht irgendwelche Nervenverbindungen, aber es tut nicht weh. Alles, was unser Hirn an Information aufnimmt, wird von den Sinnesorganen geliefert. Unsere Sinnesorgane sind die Verbindungsstelle zwischen dem Universum da draußen und unserem Denken. Aus dem wilden Gewimmel physikalischer Eigenschaften in einem unüberblickbar komplizierten Universum werden Nervensignale, und aus denen werden Gedanken. Wahrnehmung bedeutet: Aus Physik wird Psychologie.

Wir streicheln eine Katze. Unsere Fingerspitzen melden Information über die Weichheit des Fells, unsere Augen melden Information über das Licht, das sie reflektiert, unsere Ohren melden ein monotones Schnurrgeräusch, unsere Nase meldet Katzenfellduft. All diese Signale werden auf völlig unterschiedliche Art erzeugt und an ganz verschiedene Regionen des Gehirns geschickt. Die entscheidende Aufgabe unseres Denkens ist es nun, die Information der Sinnesorgane zu einem einheitlichen Bild zusammenzufügen. Wir verknüpfen unsere Wahrnehmung mit dem, was wir über die Welt bereits gelernt haben, und erkennen: Das ist eine Katze. Und sie fühlt sich gerade wohl.

Noch nie war eine Katze in unserem Gehirn. Aber der Gedanke an eine Katze schon. Im Universum da draußen ist die Katze eine bestimmte Anordnung von Materie. In unserem Gehirn ist die Katze ein bestimmtes Muster aus Nervensignalen. Dieses Nervenaktivitätsmuster ist die Repräsentation der Katze in unserem Denken – ähnlich wie ein grüner, stiefelförmiger Streifen auf Papier gedruckt die Repräsentation von Italien auf einer Landkarte ist. Wir bauen uns im Kopf ein Modell des Universums. Wir erschaffen uns in unseren Gedanken eine Landkarte unserer Welt.

Eine Landkarte ist zwangsläufig immer nur ein unvollständiges Bild, ein vereinfachtes Modell der Wirklichkeit – so wie der Schatten auf der Rückwand von Platons Höhle immer weniger detailreich ist als die Objekte, die diesen Schatten werfen.

Manche Eigenschaften der Wirklichkeit lassen sich ziemlich gut auf einer Landkarte einzeichnen – zum Beispiel wie weit zwei Städte voneinander entfernt sind. Manche Aspekte der Wirklichkeit fehlen auf der Landkarte aber völlig. Wie viele Katzen in den beiden Städten wohnen oder wie es dort nach einem frischen Sommerregen riecht, ist aus der Karte nicht abzulesen. Nicht weil sie nicht exakt genug ist, sondern weil sie diese Aspekte der Wirklichkeit prinzipiell nicht enthält. Dafür wurde die Karte einfach nicht gemacht, das ist nicht ihre Aufgabe.

Dasselbe gilt für die geistige Landkarte des Universums, das wir in unserem Kopf entstehen lassen. Manche Aspekte der Wirklichkeit fehlen auf unserer geistigen Landkarte völlig. Wenn wir uns gegenüber Röhrenwürmern schrecklich überlegen vorkommen, weil wir sehen, hören und riechen können, sollten wir bedenken: Der weitaus überwiegende Großteil der Information, die da draußen in der physischen Welt herumschwirrt, bleibt auch uns verborgen.

Die meisten Farben, die es physikalisch gesehen eigentlich geben würde, sind für uns unsichtbar. Die meisten Töne, die es physikalisch gesehen eigentlich geben würde, sind für uns unhörbar. Es gibt unzählige Chemikalien, die wir weder riechen noch schmecken können. Es gibt Magnetfelder, die wir nicht spüren können. Es gibt Strahlungssorten, Energiewellen und Teilchen, die unseren menschlichen Sinnen nicht zugänglich sind. In jeder Sekunde werden wir von unzähligen Neutrinos getroffen, von winzigen Teilchen, die uns durchdringen, ohne dass wir es merken. Doch diese Neutrinos sind uns meistens ziemlich egal – genau wie die Argon-Konzentration in der Luft oder die Richtung des Erdmagnetfelds unter unserem Sessel.

Neutrinos, Argon-Atome und Magnetfelder sind echte, reale, faktische Aspekte der wirklichen Welt, aber sie kommen in unserem Denken normalerweise nicht vor. Nicht weil wir unaufmerksam sind, sondern weil unser Denken diese Aspekte der Wirklichkeit von Natur aus nicht enthält. Dafür wurden unsere Sinne nicht gemacht, das ist nicht die Aufgabe unseres Denkapparates, das ist kein üblicher Teil unserer Gedankenwelt. Ähnlich wie in der Gedankenwelt eines Röhrenwurms am Meeresgrund Wirklichkeitsaspekte wie „Licht und Schatten", „Windstöße" oder „Rosenduft" nicht vorkommen, sondern höchstens Berührungen der Nachbarröhrenwürmer, Wasserströmungen und Schwefelwasserstoffkonzentrationsgefühle.

DER MENSCH, DAS WISSENSCHAFTSTIER

Einen ganz entscheidenden Vorteil haben wir Menschen gegenüber dem Röhrenwurm allerdings schon: Wir können uns in unserem Kopf ein deutlich komplexeres, facettenreicheres Bild der Welt machen als er.

Als der Astronaut Luca Parmitano im Weltraum plötzlich nichts mehr sehen und nichts mehr hören konnte, hatte er immer noch eine hochkomplexe Landkarte im Kopf – ein detailliertes Modell der Welt. Er wusste immer noch über die Geometrie der Raumstation Bescheid, er erinnerte sich an den Weg zur Luke, auch wenn ihm seine Augen in dieser Situation nicht helfen konnten.

Im Gegensatz zu Röhrenwürmern verstand Luca Parmitano etwas von theoretischer Physik – und mit diesem Wissen konnte er verschiedene Möglichkeiten als Kopfkino durchspielen: Was, wenn das Wasser in seinem Raumanzug noch mehr wird, irgendwann seinen Mund bedeckt und das Atmen verhindert? Ist es in so einer Situation eine gute Idee, ein Ventil des Raumanzugs zu öffnen und das Wasser abzulassen? Eher nicht. Dann würde auch der Sauerstoff entweichen – das wäre eine Zeit lang durchaus verkraftbar, aber durch den gesunkenen Luftdruck würde das Wasser einfrieren und möglicherweise noch schlimmere Probleme verursachen. Besser ist es, den Raumanzug gut verschlossen zu halten und sich blind und taub zur Luke zurückzutasten.

Wer seine Ideen an einem guten Modell der Wirklichkeit ausprobieren kann, der kann eine Idee sterben lassen, anstatt in der wirklichen Welt selbst sterben zu müssen. Nachdenken ist wie Evolution ohne Todesopfer. Deshalb haben Menschen in überraschenden Gefahrensituationen eine deutlich höhere Überlebenschance als Röhrenwürmer.

Das liegt nicht nur an der Tatsache, dass wir mit einem recht leistungsfähigen Gehirn ausgestattet sind, sondern auch daran, dass wir im Lauf der Zeit gemeinsam ziemlich nützliche Wege gefunden haben, unsere Gehirne miteinander zu vernetzen.

Wir haben eine kompliziertere Sprache entwickelt als andere Lebewesen. Das bedeutet, wir müssen uns nicht mit dem Bild der Welt zufriedengeben, das wir uns selbst im Lauf unseres Lebens durch Beobachtung, Versuch und Irrtum erarbeiten. Wir können unsere Bilder weitererzählen, aufschreiben und miteinander vergleichen.

Wir haben Wissenschaft entwickelt – eine komplizierte Methode, gemeinsam etwas über die Welt herauszufinden. Wissenschaft bedeutet, Ideen miteinander zu teilen, die Ideen anderer Leute auf Fehler zu untersuchen und gemeinsam herauszufinden, welche dieser Ideen zur Wirklichkeit passen und welche nicht. Darauf beruht der unglaubliche Erfolg unserer Spezies: Wir haben es geschafft, viel effizienter zusammenzuarbeiten als andere Lebewesen, mit einer viel größeren Anzahl von Artgenossen.

Genau dadurch ist es uns gelungen, unsere Wahrnehmungsmöglichkeiten radikal zu erweitern. Wir können unsere eigenen Sinne wissenschaftlich untersuchen, verstehen und verbessern. Wir haben die Gesetze der Optik entdeckt – damit können wir Brillen, Vergrößerungsgläser und Teleskope bauen. Wir haben Spezialmikrofone für Geräusche, die so hoch sind, dass nicht einmal Fledermäuse sie hören können. Wir können künstliche Fühler bauen, um feinste Vibrationen zu spüren, und künstliche Nasen, um winzige Spuren von Düften zu messen.

Wir können sogar Geräte bauen, die in Texas auf einem Computerbildschirm den Puls eines Astronauten anzeigen, der an der Raumstation ISS Hunderte Kilometer über dem Erdboden durch die Nacht schwebt. Und all diese Messergebnisse können wir nutzen, um unser Modell der Welt zu verfeinern, das wir im Kopf tragen.

Wir Menschen sind die einzige Spezies der Erde, die sich nicht mit dem Sinnesapparat zufrieden geben muss, den ihr die Evolution verpasst hat. Wir können die Schwachstellen unserer Sinne verstehen und beheben. Wir können die Grenzen unserer Wahrnehmung gezielt verschieben. Wir können mit technischen Mitteln völlig neue, zusätzliche Sinne entwickeln, die durch gewöhnliche biologische Evolution allein wohl niemals entstanden wären.

DAS DU UND DAS ICH

Wer über die Welt nachdenken kann, der kann auch über das Nachdenken nachdenken. Diese Fähigkeit findet man nicht nur bei Menschen. Raben zum Beispiel können sich in andere Raben hineinversetzen. Wenn sie Futter verstecken, dann achten sie genau darauf, ob sie beobachtet werden. In diesem Fall geben sie sich besonders große Mühe, ein möglichst gutes Versteck zu finden, damit ihnen die anderen Raben nicht ihre Beute klauen. Das bedeutet: Raben wissen, was andere Raben wissen. Sie können darüber nachdenken, worüber andere Raben nachdenken. In ihrem Denken ist auch ein Modell davon enthalten, wie das Denken anderer Raben funktioniert.

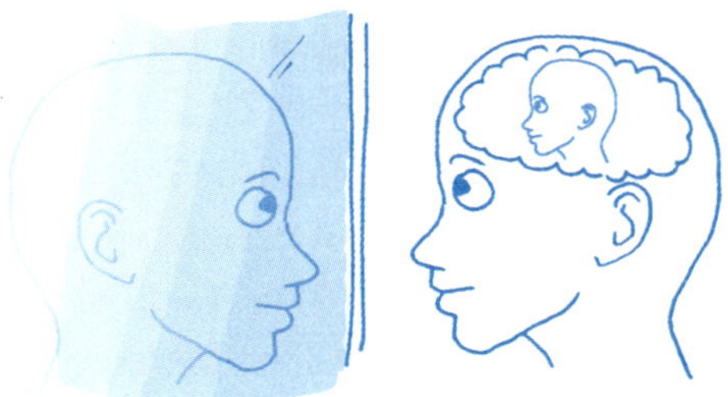

Wir Menschen erreichen meist irgendwann im zweiten Lebensjahr eine Entwicklungsstufe, in der wir über uns selbst nachdenken können. Man lernt, mit dem Begriff „ich" umzugehen. Ein Gehirn beginnt, über sich selbst nachzudenken. Das Modell von der Welt, das wir uns in unserem Kopf angelegt haben, ist so komplex geworden, dass es nun sogar ein Bild von sich selbst enthalten kann. Das eigene Denken wird zum Gegenstand des eigenen Denkens. Es ist, als würde ein Maler ein Bild malen, auf dem er selbst zu sehen ist, wie er das Bild malt.

Man kann das „Bewusstsein" nennen oder „Selbstbewusstsein". Wenn wir herausfinden wollen, ob jemand bei Bewusstsein ist, dann stellen wir normalerweise eine Frage wie: „Kannst du mich hören?“ Wenn die Person antwortet: „Ja, ich kann dich hören“, dann hat sie eine Aussage über sich selbst gemacht, dann hat sie ihre eigene Wahrnehmung wahrgenommen. Sie kann sich ein Bild von der Welt machen und von sich selbst – und ist somit ganz offensichtlich bei Bewusstsein.

Ein Ich gibt es nur, wenn man ein ausreichend komplexes Modell der Wirklichkeit im Kopf hat. Das, was uns eigentlich ausmacht, sind nicht die Nervenzellen oder die Teilchen, die sich im Inneren unseres Schädels befinden – Teilchen kommen und gehen, werden ausgetauscht und erneuert. Das, was uns zu der Person macht, die wir sind, ist das Bild der Welt in unserem Kopf. In gewissem Sinn könnte man sagen: Wir sind das Bild, das wir uns selbst von der Welt machen.

Der Zweck dieses Buchs ist, dieses Bild in unserem Kopf zu feiern. Unsere Gedankenwelt ist der Ort, an dem wir unser Leben verbringen. Wie das Bild in unserem Kopf mit der physischen Welt da draußen zusammenhängt, ist eine komplizierte Frage. Wir werden ergründen, wie sich das eine aus dem anderen ergibt und warum die Welt in unserem Kopf in gewissem Sinn vielleicht die wirklichere Wirklichkeit ist als das, was außerhalb unseres Denkens in Form von Teilchen, Kräften und Naturgesetzen existiert.

Es gibt viel zu sehen im Universum. Aber manchmal ist das nicht so einfach. Finden wir heraus, was das eigentlich bedeutet.

KAPITEL 2

HÖREN

Warum zwei Katzen lauter sind als eine, wie man durch einen Holzstab besser hören kann und warum es sich manchmal lohnt, als Mensch seine Fledermausfähigkeiten zu trainieren: Physik und Mathematik allein reichen nicht aus, um Klänge zu erklären.

Ludwig van Beethoven war längst schon ein berühmter Komponist, als er im Frühling 1824 in seiner Wohnung in der Wiener Ungargasse saß und auf seinen Notenblättern herumkritzelte. Er bemühte sich, seine monumentale Neunte Sinfonie fertigzustellen, das größte und gewagteste Orchesterstück seines Lebens. Doch er wusste, dass er dieses Stück niemals hören würde. Er war nämlich damals bereits völlig taub.

Schon im Alter von sechsundzwanzig Jahren stellte Beethoven fest, dass sich sein Gehör verschlechterte. Zuerst hatte er Schwierigkeiten mit hohen Tönen, dann konnte er auch Gespräche nur noch schwer verstehen. Eigentlich war er ein gefeierter Klaviervirtuose – diese Karriere musste er aufgeben, er verlegte sich stattdessen aufs Komponieren.

Eine Zeit lang versuchte er mit allerlei Tricks, die verbliebenen Reste seines Gehörs noch möglichst gut zu nutzen. Johann Nepomuk Mälzel, ein technisch versierter Musikerkollege, der unter anderem das Metronom erfunden hatte, konstruierte für Beethoven verschiedene Hörrohre: Durch einen Trichter wird möglichst viel Schall aufgefangen und in eine Richtung gelenkt, sodass der Schall in hoher Intensität im Ohr ankommt. An Beethovens Klavier wurde eine Platte montiert, die den Schall des Klaviers in seine Richtung lenken sollte.

Doch als am 7. Mai 1824 Beethovens Neunte Sinfonie in Wien uraufgeführt wurde, half das alles nichts mehr. Er konnte zwar sehen, wie die Musiker spielten und die Sängerinnen und Sänger des Chors ihre Lippen bewegten, und er wusste natürlich, welche Töne er ihnen vorgegeben hatte, aber hören konnte er sie nicht. Beethoven stand während der Vorstellung auf der Bühne – schließlich war er der Star, das Wiener Publikum wollte ihn sehen, doch der eigentliche Dirigent war ein anderer: Neben Beethoven stand der Kapellmeister Michael Umlauf, und er war es, der dem Orchester die Einsätze gab.

Der zweite Satz der Sinfonie soll das Publikum damals so begeistert haben, dass es zu klatschen begann – eigentlich ein sehr ungewöhnliches und ungehöriges Verhalten mitten in einem Sinfoniekonzert. Doch Beethoven bemerkte davon nichts. Die Sängerin Caroline Unger packte ihn am Ärmel und drehte ihn Richtung Publikum, damit er den Jubel zur Kenntnis nehmen konnte.

Auch wenn Beethoven seine Neunte Sinfonie nie hören konnte, steht fest: Er wusste, wie sie klang. Sonst hätte er sie nicht komponieren können. Er hatte so viel Musik im Kopf, dass er problemlos einen Zusammenhang herstellen konnte, zwischen geschriebenen Notensymbolen auf einem Blatt Papier und harmonischem Wohlklang – ohne die Zwischenschritte von Musikinstrumenten, Schall und Gehörgang zu benötigen.

Man könnte sagen: Ein Komponist wie Beethoven kann in gewissem Sinn auch mit den Augen hören. Das ist sicher nicht ganz dasselbe wie das Gefühl, in einem Konzertsaal zu sitzen, in dem jeder Kubikmillimeter Luft mit Musik erfüllt ist – aber es ist trotzdem ziemlich viel. Es ist ein Beweis für die bemerkenswerte Flexibilität des menschlichen Gehirns.

SCHALL ALS WACKELN VON LUFTTEILCHEN

Physikalisch gesehen ist Schall einfach eine Wackelbewegung, die sich wellenartig ausbreitet. Wenn ein Lautsprecher einen Ton erzeugt, dann bewegt sich die Lautsprechermembran. Sie schiebt Luftteilchen vor sich her und drückt sie in einen Bereich, in dem schon andere Luftteilchen sind – eine Stelle mit erhöhtem Luftdruck entsteht.

Diese Luftdruckschwankung pflanzt sich nun fort. Es ist wie in einer dicht gedrängten Menschenmenge, in der jemand mit großer Wucht angerempelt wird. Durch die Rempelei wird auch die Person daneben in Ungleichgewicht gebracht, und die wiederum stößt an die nächste Person – eine Rempel-Welle läuft durch die Menschenmenge. Wenn genau dasselbe bei Luftteilchen passiert, nennen wir es „Schall“.

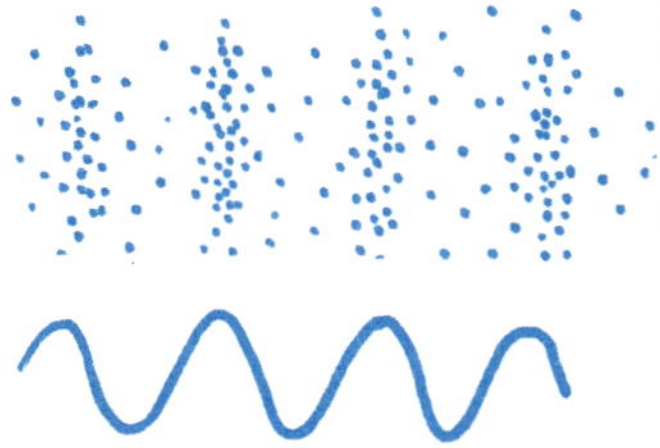

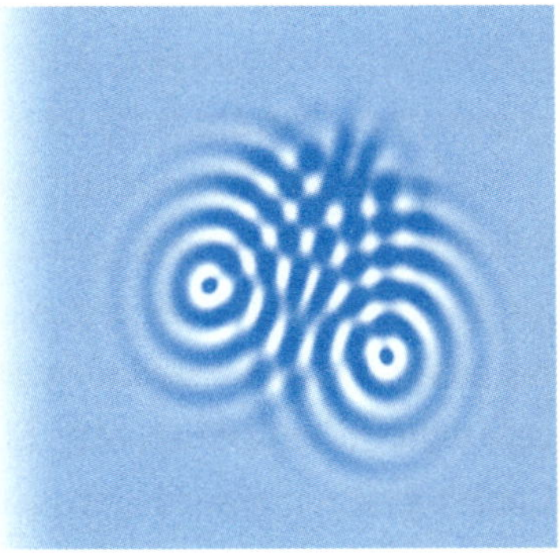

Die einfachste Schallwelle, die man sich vorstellen kann, ist eine streng regelmäßige Schwingung, in der sich Bereiche mit hohem Luftdruck und Bereiche mit niedrigem Luftdruck immer im gleichen Abstand abwechseln. Dieser Abstand ist die Wellenlänge. Und dieses Luftdruck-Muster bewegt sich durch die Luft, ähnlich wie sich eine Wasserwelle in einem Teich ausbreitet, nachdem wir einen Stein hineingeworfen haben.

Meistens hat man es nicht nur mit einem einzigen Stoß zu tun, sondern mit einem regelmäßigen Hin und Her. Die Lautsprechermembran bewegt sich vor und zurück. Für kurze Zeit erhöht sie den Luftdruck direkt vor dem Lautsprecher, dann senkt sie ihn wieder. In der Luft wird ein regelmäßiges Muster erzeugt, aus Regionen mit höherem und niedrigerem Luftdruck – eine Schallwelle ist entstanden.

KLEINE KNOCHEN, GROSSE WIRKUNG

Nehmen wir an, eine solche Schallwelle erreicht nun unser Ohr. Das bedeutet: Der Luftdruck an unserem Trommelfell ändert sich sehr schnell – Hunderte oder Tausende Male pro Sekunde. Dadurch wird das Trommelfell in Schwingung versetzt, und das wiederum bewegt die winzigen Knöchelchen des Mittelohrs. Diese millimeterkleinen Knochen verstärken die Bewegung des Trommelfells und geben die Schwingung an die Gehörschnecke weiter, die Cochlea, eine ungefähr erbsengroße, spiralförmig aufgerollte Röhre, gefüllt mit Flüssigkeit.

So wird die Schallwelle in der Luft in eine Flüssigkeitsschwingung übersetzt. Und diese Flüssigkeitsschwingung aktiviert nun die Haarzellen, die sich im Inneren der Cochlea befinden. Unterschiedliche Haarzellen reagieren auf unterschiedliche Tonhöhen: Am Eingang der schneckenförmigen Cochlea sitzen Haarzellen, die auf sehr hohe Frequenzen reagieren – sie werden aktiviert, wenn sich hoher und niedriger Druck extrem rasch abwechseln, viele Tausend Mal pro Sekunde. So hören wir hohe Töne. Weiter innen in der Schnecke sitzen Zellen, die auf niedrigere Frequenzen reagieren – auf Schwingungen, die einige Hundert Mal oder vielleicht nur zwanzigmal pro Sekunde stattfinden. So hören wir tiefe Töne.

Wird eine Haarzelle aktiviert, öffnet sich ein Ionenkanal, elektrisch geladene Teilchen strömen in die Zelle, und dadurch wird ein elektrischer Nervenimpuls ausgelöst, der ins Gehirn geschickt wird. Auf diese Weise erfährt unser Gehirn, welche Frequenz gerade gehört wurde.

Wenn aber die Haarzellen in der Cochlea absterben, dann bekommt das Gehirn keine Information mehr geliefert – und genau daran dürfte Ludwig van Beethoven gelitten haben. Heute könnte man ihm vermutlich helfen, und zwar mithilfe eines Cochlea-Implantats.

Diese Technologie wurde bereits in den 1960er-Jahren entwickelt, von der österreichischen Technikerin Ingeborg Hochmair-Desoyer und ihrem Ehemann Erwin Hochmair. Ein Mikrofon, das direkt am Kopf getragen wird, wandelt Schallwellen in digitale Signale um. Diese Signale werden dann magnetisch zu einem Implantat im Innenohr übertragen, das in die Cochlea hineinragt. Statt der Haarzellen erzeugt nun das künstliche Implantat elektrische Impulse, die dann vom Hörnerv weiter ins Gehirn geleitet werden.

Es dauert eine Weile, bis sich man sich an ein solches Cochlea-Implantat gewöhnt hat. Das Gehirn muss erst lernen, was die fremdartigen Elektroimpulse aus dem Implantat bedeuten. Aber mit etwas Training lassen sich beeindruckende Erfolge erzielen: Menschen, die taub waren, können wieder Sprache verstehen, es gibt inzwischen sogar Profimusikerinnen und Profimusiker mit Cochlea-Implantat.

IM VANILLEPUDDING HÖRT DICH NIEMAND SCHREIEN

Schall kann sich nicht nur in der Luft ausbreiten, sondern auch in anderen Materialien – in verschiedenen Gasen, in Flüssigkeiten, in festen Objekten. Alles, was vibrieren kann, kann auch eine Schallwelle transportieren. Aber irgendein Medium muss da sein, sonst hört man nichts. Im Vakuum des Weltraums gibt es keinen Schall. Wenn eine Astronautin durchs All schwebt und direkt neben ihr eine Rakete explodiert, dann sieht sie einen hellen Blitz, vielleicht wird sie auch von Trümmern getroffen, aber hören wird sie nichts, auch wenn dieselbe Explosion innerhalb der Erdatmosphäre ohrenbetäubenden Lärm verursachen würde.

Unterschiedliche Materialien haben sehr unterschiedliche Eigenschaften, wenn es darum geht, Schallwellen zu leiten. Vanillepudding beispielsweise ist ein ziemlich schlechter Schallleiter. In weicher, wabbeliger Puddingmasse werden Schallwellen schon nach kurzer Distanz abgedämpft. Ein Mensch, der versehentlich in einen großen Vanillepudding-Container fällt, wird dort ziemlich sicher recht wenig hören – und wir außerhalb des Vanillepuddings werden ihn auch nicht hören können.

Ganz anders ist das bei Metall: Hier sind die Atome fest miteinander verbunden. Wenn ein Atom wackelt, kann die Wackelbewegung problemlos ans nächste Atom weitergegeben werden – und von diesem dann ans übernächste und so weiter. Daher bestehen Stimmgabeln üblicherweise aus Metall und nicht aus Vanillepudding.

In Stahl erreichen Schallwellen eine Geschwindigkeit von über 5000 Metern pro Sekunde – viel mehr als in der Luft, wo sie nur ungefähr 340 Meter pro Sekunde zurücklegen. Wenn man also die Ohren an die Schienen presst, wird man das Rumpeln eines herannahenden Zuges deutlich früher hören, als man das Geräusch in der Luft wahrnimmt.

Man kann aber Schallübertragung durch feste Materialien auch auf weniger gefährliche Weise ausprobieren, etwa mit einem Plastikbecher-Telefon: Wenn man zwei Plastikbecher mit einer gespannten Stück Draht verbindet und in einen Becher hineinspricht, wird der Becherboden in Schwingung versetzt, die Schwingung wird an den Draht weitergegeben und versetzt den Boden des anderen Bechers in Schwingungen, der dadurch zum Lautsprecher wird. Hält man das Ohr in diesen Becher hinein, kann man die in den ersten Becher hineingesprochene Botschaft erstaunlich gut hören.

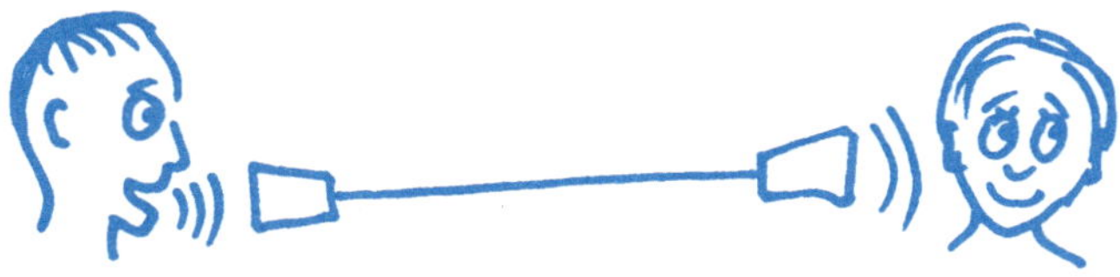

Genau dieses Prinzip der Schallleitung durch Festkörper soll auch Ludwig van Beethoven genutzt haben, berichtet der französische Arzt Joachim Agathon Adjutor Rattel. Angeblich hat Beethoven mit den Zähnen auf einen hölzernen Stock gebissen und das andere Ende ans Klavier gehalten. So konnte er die Schwingungen des Klaviers mithilfe des Holzstabs über seine Zähne direkt in seinen Schädelknochen leiten, und von dort ins Innenohr. Es gibt heute auch spezielle Kopfhörer, die diese Art der „Knochenleitung" ausnutzen.

Wenn allerdings die Haarzellen in der Cochlea überhaupt nicht mehr funktionieren, kann auch die Knochenleitung nicht mehr helfen. Wie viel Beethoven also durch den Stab zwischen seinen Zähnen tatsächlich hören konnte, ist historisch nicht gesichert, aber speziell bei tiefen Tönen ist eine Schallübertragung auf diese Weise physikalisch plausibel.

LAUTSTÄRKE: ZWEI KATZEN UND EIN DÜSENJET

Wie laut sich etwas anhört – ist das nun eigentlich eine Eigenschaft der wirklichen Welt da draußen oder ein subjektiver Eindruck in unserem Gehirn? Ist es etwas objektiv Messbares, wie die Meereshöhe eines Berggipfels, oder ist es eher Ansichtssache, wie die Frage nach der besten Schokoladensorte? Das ist tatsächlich nicht so einfach zu beantworten.

Jede Schallwelle trägt eine bestimmte Menge Energie – meistens allerdings nicht besonders viel. Theoretisch könnten wir einen Topf Suppe erwärmen, indem wir ihn sehr laut anschreien. Der Effekt wird allerdings sehr klein sein. Auch wenn wir eine sehr laute Stimme haben, übertragen wir dabei höchstens eine Leistung im Milliwatt-Bereich auf unsere Suppe. Das ist vernachlässigbar wenig.

Schall hat im Alltag normalerweise viel weniger Energie als Licht oder Wärme – deswegen braucht ein Lautsprecher weniger Strom als ein Bügeleisen. Und deshalb kann man an sonnigen Stellen Solarkraftwerke bauen, die Sonnenstrahlen in elektrischen Strom umwandeln, während es ziemlich nutzlos wäre, an einer lauten Straßenkreuzung ein Schallkraftwerk aufzustellen, das Schallwellenenergie in elektrischen Strom umwandelt.

Trotzdem kann man die Energie von Schallwellen problemlos messen, und man kann sie als Maßstab für Lautstärke betrachten: Eine Schallwelle, die mehr Energie trägt, hört sich lauter an. Das Problem dabei ist nur: Wenn man die Schallenergie um einen bestimmten Betrag erhöht, hat das nicht immer denselben Effekt auf unsere Wahrnehmung.

Stellen wir uns vor, eine Katze beginnt zu schreien, weil sie im Garten die verfeindete Nachbarskatze getroffen hat. Dieses Geräusch trägt eine bestimmte Energie. Wenn die Nachbarskatze gleichzeitig zurückschreit, dann kommt doppelt so viel Katzengeschreienergie an unser Ohr – zwei Katzen schreien hörbar lauter als eine.

Was ist aber nun, wenn ein Düsenjet im Tiefflug über unsere Köpfe hinwegdonnert? Dann werden unsere Ohren von einer viel stärkeren, energiereicheren Schallwelle erfasst. Wenn nun gleichzeitig auch noch eine Katze schreit, wird die Schallenergie um denselben Betrag vergrößert wie vorher, aber wir werden es nicht bemerken. Katze plus Katze ist lauter als Katze. Aber Düsenjet plus Katze ist nicht lauter als Düsenjet – dieser Unterschied ist für uns nicht wahrnehmbar.

Dahinter steckt ein wichtiges Gesetz, das im 19. Jahrhundert der Physiologe Ernst Heinrich Weber aufstellte, als er die Beziehung zwischen Physik und Wahrnehmung untersuchte: Je stärker ein Reiz, umso stärker muss man ihn auch ändern, damit die Veränderung überhaupt wahrgenommen werden kann. Wenn es sehr still ist, dann genügt eine winzige Steigerung der Schallenergie, und wir bemerken bereits, dass es lauter wird. Wenn es laut ist, muss man die Schallenergiemenge viel drastischer steigern, um einen wahrnehmbaren Effekt hervorzurufen.

Dieses Weber'sche Gesetz gilt nicht nur für Schall, sondern auch für andere Sinneswahrnehmungen: Wenn es eher dunkel ist, dann bemerken wir sofort, wenn jemand eine Kerze anzündet. Im grellen Scheinwerferlicht werden wir den Schein einer zusätzlichen Kerze nicht wahrnehmen. Ein paar Tropfen Zitronensaft in einem Glas Wasser lassen sich problemlos herausschmecken. Ein paar Tropfen Zitronensaft in Zitronenlimonade wird die Zitronigkeit des Getränks nicht spürbar verändern.

Unsere Wahrnehmung registriert nicht die absolute Stärke von Reizen, sondern Verhältnisse von Reizen: Zwei Katzen sind lauter als eine Katze, und zwar ungefähr in demselben Maß, wie zwei Düsenjets lauter sind als ein Düsenjet – obwohl der zusätzliche Düsenjet viel mehr zusätzliche Schallenergie verursacht als die zusätzliche Katze.

Daher hat man für das Messen von Lautstärke eine Einheit definiert, die an die menschliche Wahrnehmung angepasst ist – das „Dezibel". Diese Maßeinheit beschreibt eigentlich ein Verhältnis, keinen absoluten Wert.

Man wählt einen Referenzwert, den man als „null Dezibel" definiert – das ist ungefähr die menschliche Hörschwelle, also jene Schallenergie, die man als Mensch gerade noch hören kann. Von dort aus kommen nun bei jeder Verzehnfachung der Energie zehn Dezibel dazu. Die zehnfache Energie erzeugt also zehn Dezibel, die hundertfache Energie erzeugt zwanzig Dezibel und die tausendfache Energie erzeugt dreißig Dezibel.

Das erscheint vielleicht auf den ersten Blick etwas kompliziert, aber es hat sich gezeigt, dass diese Skala am besten zu unserem subjektiven Lautstärkenempfinden passt: Eine Verzehnfachung (oder eine Verdoppelung oder Verdreifachung – oder welches Verhältnis auch immer) fühlt sich in unserer Wahrnehmung immer ungefähr als gleich drastische Veränderung an, egal, ob ein kleiner oder ein großer Wert verzehnfacht (oder verdoppelt oder verdreifacht) wurde.

Man hat sich also in der Physik eine Messgröße ausgedacht, nicht um eine Eigenschaft der Welt da draußen möglichst genau zu beschreiben, sondern um einen Eindruck in unserem Kopf möglichst genau zu beschreiben. Und das hat sich bewährt.

WENN DOPPELTER LÄRM PLÖTZLICH GANZ LEISE IST

Manchmal kann es aber auch passieren, dass zwei Geräusche insgesamt leiser sind als eines. Das liegt an einer ganz entscheidenden Eigenschaft, die alle Wellen haben – egal, ob es sich um Schallwellen handelt, um Lichtwellen oder um Wasserwellen: Sie können sich überlagern. Und dabei können sie sich addieren oder einander auslöschen.

Man kennt das von Wellen, die in einem Teich entstehen, wenn man zwei Steine hineinwirft: Jeder Stein erzeugt kreisförmige Wellen, die beiden Kreiswellenmuster geraten ineinander. An manchen Stellen trifft ein Wellenberg, der von links kommt, mit einem Wellenberg zusammen, der von rechts kommt. Gemeinsam ergeben sie einen noch höheren Wellenberg. An anderen Stellen kann es aber auch passieren, dass die Wellen einander auslöschen – wenn ein Wellenberg von einer Seite genau mit einem gleich großen Wellental von der anderen Seite zusammentrifft.

Genau auf diesem Phänomen beruhen Kopfhörer mit Geräuschunterdrückung, die man in einer lauten Umgebung aufsetzen kann, um ein bisschen künstliche Ruhe zu erzeugen. Ein Mikrofon nimmt die Schallwelle auf, die von außen kommt. Und aus dieser Schallwelle wird blitzschnell berechnet, welche „Gegen-Schallwelle" man im Kopfhörer abspielen muss, um die ursprüngliche Schallwelle auszulöschen.

Immer wenn von außen ein Wellenberg kommt, schickt der Kopfhörer gleichzeitig ein Wellental in unser Ohr – und immer, wenn die Schallwelle von außen gerade in einer Wellental-Phase ist, sendet uns der Kopfhörer einen Wellenberg. Im Ohr löschen einander beide Schallquellen somit zu jedem Zeitpunkt aus. Das Geräusch von außen und das Geräusch, das der Kopfhörer abspielt, überlagern sich zu Stille.

Zumindest theoretisch – ganz perfekt gelingt das nie. Nicht jede Art von Geräusch lässt sich gleich gut eliminieren. Ein gleichmäßiges Brummen lässt sich mit diesem Trick sehr gut auslöschen. Viel komplizierter ist es, wenn jemand klatscht, wenn ein Schlüsselbund zu Boden fällt oder eine Glasschüssel zerbricht. Solche Geräusche sind völlig unregelmäßig, sie bestehen aus vielen unterschiedlichen Frequenzen. In diesem Fall ist die Geräuschunterdrückung überfordert, der Kopfhörer kann nicht schnell genug das perfekte Gegensignal produzieren. Eine ausgeklügelte elektronische Steuerung kann solche Geräusche vielleicht etwas dämpfen, aber nicht völlig zum Verschwinden bringen.

Ist eine solche Schallwellen-Auslöschung auch ohne Technik möglich? Theoretisch wäre es denkbar, dass zwei Leute gleichzeitig ihre Schlüssel fallen lassen und durch puren Zufall genau entgegengesetzte Schallwellen erzeugen, sodass sich diese Schallwellen in der Mitte perfekt auslöschen. In der

Praxis wird das aber nie passieren. Schallwellen verhalten sich selten so präzise und berechenbar wie im Inneren eines Kopfhörers mit Geräuschunterdrückung.

Im Alltag werden Schallwellen ständig irgendwo reflektiert und abgelenkt, sie erreichen uns aus mehreren Richtungen gleichzeitig, sie stimulieren unsere beiden Ohren auf unterschiedliche Weise, sie werden teilweise von unserem eigenen Körper absorbiert oder verändert. Perfekte Auslöschung kommt daher praktisch nie vor.

Wellenüberlagerungen erleben wir aber ständig. Wenn wir in einem glatt verfliesten Badezimmer laut singen, hören wir, wie die Schallwellen unserer Stimme von allen Seiten reflektiert werden und sich an unseren Ohren neu überlagern. Das klingt für uns völlig anders als Gesang in einem eher schallabsorbierenden Raum mit dicken, schallschluckenden Vorhängen.

DIE HÖCHSTEN TÖNE, DIE ES GEBEN KANN

Wie laut sich etwas für uns anhört, hängt aber nicht nur von der Energie einer Schallwelle ab, oder von Wellenüberlagerungen. Unser persönlicher Eindruck von Lautstärke wird ganz maßgeblich von der Tonhöhe bestimmt. Sehr hohe Töne klingen für uns leise, selbst wenn es sich um kräftige, energiereiche Wellen handelt. Und oberhalb einer gewissen Grenze ist dann endgültig Schluss: Frequenzen, für die unsere Cochlea einfach keine Sinneszellen hat, sind für uns nicht wahrnehmbar.

Wo diese Grenze des Hörvermögens liegt, ist von Mensch zu Mensch sehr unterschiedlich. Kinder können oft extrem hohe Töne von bis zu 20.000 Hertz hören – also 20.000 Schwingungen pro Sekunde. In gewöhnlicher Luft entspricht das einer Wellenlänge von ungefähr 17 Millimetern. Ältere Menschen hingegen hören oft nur noch Töne von maximal einigen Tausend Hertz. Für das Verstehen menschlicher Sprache reicht das noch aus, sie bewegt sich üblicherweise im Bereich von einigen Hundert Hertz – bei Wellenlängen im Bereich von vielen Zentimetern oder sogar mehreren Metern.

Töne, die zu hoch sind, um von Menschen gehört zu werden, nennen wir Ultraschall. Physikalisch gesehen hat dieser Begriff keine besondere Bedeutung – er beschreibt keine physikalische Tatsache, er bezieht sich nur auf menschliche Wahrnehmung.

Für viele Tierarten sind Frequenzen, die wir Menschen zum Ultraschallbereich zählen, ganz normale Töne: Hunde hören problemlos Schallwellen im Bereich von 40.000 Hertz – deswegen gibt es Hundepfeifen, die zwar von Hunden, aber nicht von Menschen wahrgenommen werden. Für Nagetiere wie Mäuse und Ratten sind sogar 90.000 Hertz hörbar, Delfine und Fledermäuse registrieren manchmal sogar Töne von 200.000 Hertz.

Allerdings verhält sich die Akustik bei solchen extrem hohen Frequenzen ein bisschen anders als wir das gewohnt sind. Die Luft ist nämlich nicht besonders gut darin, derart hohe Frequenzen weiterzuleiten. Die Töne werden nach kurzer Distanz deutlich schwächer, sie breiten sich weniger weit aus. Das Hören extrem hoher Frequenzen ist also ein bisschen so wie Sehen im Nebel: Es funktioniert, aber nur über begrenzte Distanz.

Wenn man die Frequenzen noch weiter steigert, weit über das Wahrnehmungsspektrum von Fledermäusen hinaus, dann kommt man irgendwann an eine absolute physikalische Grenze: Irgendwann würde die Schallwelle nämlich kürzer werden als der mittlere Abstand zwischen den Luftteilchen – und so eine Schallwelle kann es nicht geben. Die Welle muss schließlich von den Luftteilchen getragen werden, sie ist eine Luftdruckschwankung. Auf einer Größenskala, auf der es gar keine Teilchen mehr gibt, kann es somit auch keine Luftdruckschwankungen geben.

Diese absolute Obergrenze liegt im Gigahertz-Bereich, also in der Größenordnung von Milliarden Schwingungen pro Sekunde. Das läge ungefähr 20 Oktaven oberhalb der Klaviertastatur. Höhere Töne sind in der Luft nicht möglich.

IST DA NOCH EIN TON, ODER IST DAS SCHON WETTER?

Im Hören tiefer Töne sind wir Menschen ziemlich gut. Töne mit ungefähr 20 bis 30 Hertz, wie sie von großen Orgelpfeifen oder Kontrabassposaunen erzeugt werden, können wir noch recht problemlos wahrnehmen. Es gibt sogar Spezialklaviere mit extratiefen Zusatztasten, die bis hinunter zu einer Frequenz von ca. 16 Hertz gehen. Den Grundton dieser Tasten wird man kaum hören – und vermutlich werden sie kaum jemals bei einem echten Konzert angeschlagen. Das ist aber auch gar nicht ihr Zweck. Sie sind eher dafür da, den Klang des Klaviers zu verbessern: Sie schwingen nämlich ein kleines bisschen mit, wenn andere Saiten angeschlagen werden, mit verwandter Frequenz – zum Beispiel die Saite mit der doppelten oder mit der dreifachen Frequenz. Man hört die tiefen Töne dann nicht direkt, aber ihr zartes Mitschwingen gibt dem Klavier eine vollere, sattere Klangfarbe.

Viele Tiere würden von diesen tiefen Frequenzen überhaupt nichts bemerken. Mäuse können Töne erst ab ungefähr 1000 Hertz wahrnehmen, bei Fledermäusen liegt die Grenze noch höher. Sie würden von menschlicher Sprache oder von tiefdröhnender Tuba-Blasmusik also einen großen Teil gar nicht mitbekommen.

Es gibt aber auch Tiere, die noch besser im Tiefton-Hören sind als wir Menschen. Der Infraschallbereich, der uns verborgen bleibt, ist für sie höchst interessant. Elefanten kommunizieren auf diese Weise über große Distanzen. Zusätzlich zum typischen Trompeten, das wir Menschen hören können, gibt es auch das sogenannte Rumbeln: Elefanten produzieren wuchtige, wummernde Infraschall-Basstöne, die kilometerweit über die Savanne dröhnen.

Diese extrem tiefen Elefantentöne lassen buchstäblich die Erde erzittern: Sie pflanzen sich nicht nur über die Luft fort, sondern auch über den Boden. Deshalb lässt sich manchmal beobachten, wie Elefanten kurz stehen bleiben und sich auf einen Fuß stützen: Sie fühlen ein leichtes Vibrieren, eine Schallwelle im festen Untergrund. Man kann das testen, indem man Infraschall-Elefantengeräusche aufzeichnet und dann mit speziellen Rüttelgeräten abspielt, die im Boden vergraben sind. Elefanten reagieren auf solche Bodenvibrationen sofort: Sie bleiben stehen und werden misstrauisch.

Dabei benutzen die Elefanten vermutlich genau denselben Trick wie Ludwig van Beethoven, als er einen Holzstab ans Klavier hielt – das Phänomen der Knochenleitung. Vibrationen aus dem Boden werden über den Fuß aufgenommen und nach oben geleitet, bis zum Innenohr des Elefanten. Gleichzeitig können Elefanten Bodenvibrationen aber auch auf der Haut spüren. Fühlen und hören sind also keine völlig getrennten Sinne – zumindest bei Elefanten nicht. Sie verwenden vermutlich beides gleichzeitig, um tiefe Töne wahrzunehmen.

Natürlich sind physikalisch gesehen auch noch viel tiefere Töne möglich. Nur ist dann irgendwann schwer zu sagen, ob es sich jetzt tatsächlich um so etwas wie eine „Schallwelle“ handelt oder einfach nur um eine langsame Luftdruckänderung. Wenn sich der Luftdruck dreißig Mal pro Sekunde ändert, nennen wir das einen tiefen Ton. Wenn sich der Luftdruck langsam und gleichmäßig über Tage oder Wochen ändert, nennen wir das Wetter. Theoretisch könnten wir das aber auch als extrem tiefen Ton interpretieren – 20 bis 30 Oktaven tiefer als die Töne, die wir hören können.

Technisch gesehen ist es nicht schwierig, unhörbare Töne zu detektieren. Wir haben heute Geräte, die Schall viel präziser und umfassender aufnehmen können als jedes natürliche Hörorgan. Wir können Töne messen, viel tiefer als das tiefste Elefantendröhnen. Wir können Ultraschall messen, viel höher als das höchste Fledermausgeschrei.

WANN KLINGEN TÖNE NACH MUSIK?

Wenn wir Frequenzen messen, oder wenn unsere Cochlea Nervensignale produziert, dann hat allerdings der wirklich interessante Teil des Hörens noch gar nicht begonnen. Entscheidend ist, was danach in unserem Kopf daraus entsteht: Ist es ein lästiges Geräusch oder ein schöner Klang? Hören wir das Knurren eines Raubtieres oder die Stimme von Tante Verena? Welche Melodie wird uns da gerade vorgesungen?

Dabei ist oft gar nicht so sehr die Frequenz eines Tons entscheidend, sondern in welchem Verhältnis verschiedene Frequenzen zueinander stehen. Wie verschiedene Töne zusammenpassen. Wie sich verschiedene Wellenlängen zu einem Klang oder einer Melodie zusammenfügen.

Wenn uns jemand eine Melodie vorspielt und wir sie dann am nächsten Tag nachsingen, dann reproduzieren wir normalerweise nicht die Originalfrequenzen, die wir gehört haben. Wir singen die Melodie vermutlich ein bisschen höher oder ein bisschen tiefer – je nach unserer persönlichen Stimmlage. Das bedeutet: Jede einzelne Frequenz jedes einzelnen Tons ist eigentlich verschoben – aber trotzdem kann man die Melodie problemlos wiedererkennen (solange wir nicht völlig grausam falsch singen).

Wir erkennen Melodien nicht an Frequenzen, sondern an Frequenzverhältnissen. Wenn alle Frequenzen um denselben Prozentsatz nach oben oder nach unten geschoben werden, dann bleiben die Frequenzverhältnisse gleich, und wir nehmen dieselbe Melodie wahr.

Unsere westliche Musiktheorie basiert sehr stark auf diesem Konzept: Frequenzverhältnisse definieren die Intervalle, aus denen wir unsere Musik zusammenbauen. Das einfachste, reinste und harmonischste Intervall ist die Oktave, ein Abstand von acht weißen Tasten auf dem Klavier. Wenn zwischen zwei Tönen der Abstand von einer Oktave liegt, dann hat der höhere Ton genau die doppelte Frequenz des tieferen Tons.

Das Lied „Somewhere over the rainbow" zum Beispiel beginnt mit einem Oktavsprung. Wenn man mit einem Ton von 440 Hertz beginnt, muss der zweite Ton eine Frequenz von 880 Hertz haben. Wenn man mit 300 Hertz beginnt, muss der zweite Ton 600 Hertz haben. In beiden Fällen hört sich der Tonabstand gleich groß an.

Ein weiteres sehr einfaches Zahlenverhältnis ist 2:3 – das nennt man in der Musik eine Quinte, ein Abstand von fünf Tönen in der traditionellen westlichen Tonleiter. „Twinkle, twinkle, little star", auch bekannt als „Morgen kommt der Weihnachtsmann", beginnt mit diesem Tonabstand.

Wenn Töne mit einfachen Frequenzverhältnissen gleichzeitig gespielt werden, klingt das für die meisten Menschen angenehm und harmonisch. Viel schräger hingegen klingen kompliziertere Zahlenverhältnisse – die große Septime zum Beispiel, mit einem Frequenzverhältnis von 8:15, oder der Tritonus, mit 45:32, der manchmal auch „Teufelsintervall" genannt wird. Wenn Töne dieses Abstands gleichzeitig erklingen, dann klingt das dramatisch, vielleicht sogar unangenehm, die beiden Töne „reiben" sich aneinander, sie drängen gewissermaßen danach, in ein harmonischeres Zahlenverhältnis aufgelöst zu werden.

Auch die Klangfarben von Instrumenten werden von Zahlenverhältnissen bestimmt. Wenn man zum Beispiel die dritte Saite einer Geige anstreicht, dann ertönt der Ton a1, mit einer Frequenz von 440 Hertz. Aber streng genommen erklingt dabei nicht nur diese eine Frequenz, sondern gleichzeitig auch viele andere.

Eine Geige ist physikalisch betrachtet ein ziemlich kompliziertes Objekt. Wenn man einen Ton spielt, dann wird nicht nur die Saite in Schwingung versetzt, sondern der ganze Geigenkörper. Zusätzlich zur 440-Hertz-Schwingung entstehen auch andere Schwingungen, zum Beispiel 880 Hertz, das Doppelte der Grundfrequenz. Oder 1320 Hertz – das Dreifache. Zusätzlich zum Grundton kommen also höhere Töne dazu, sogenannte Obertöne. Aber wir nehmen sie nicht als separate Töne wahr, sondern wir hören ein homogenes Gemisch, eine klangliche Kombination aus dem Grundton und verschiedenen Obertönen. Und genau diese Mischung macht die Klangfarbe der Geige aus.

Bei der Geige gilt normalerweise: Je höher der Oberton, umso leiser ist er. Der Grundton spielt die Hauptrolle. Bei Trompeten hingegen können einige Obertöne lauter sein als der Grundton, einen solchen obertonreichen Klang nehmen wir als brillant und metallisch wahr – physikalisch gesehen sind das nur unterschiedliche Mischungen verschiedener Frequenzen.

Wenn also Melodien, Harmonien und Klangfarben durch mathematische Zahlenverhältnisse beschrieben werden können – heißt das dann, Wohlklang lässt sich mathematisch definieren? Dann handelt es sich bei musikalischer Harmonie also um eine unverrückbare Tatsache, die alle Menschen aller Kulturen gleichermaßen betrifft? Die Bruchrechnung ist schließlich für alle Menschen dieselbe! Nein, so einfach ist die Sache dann doch nicht.

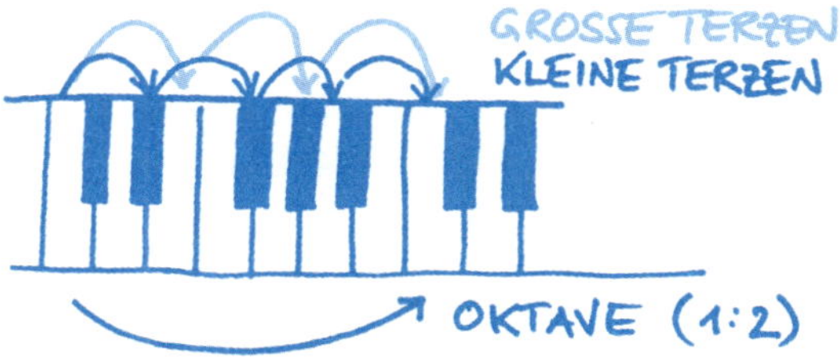

In der westlichen Musiktradition teilen wir die Oktave in zwölf Halbtonschritte ein – so viele verschiedene Tasten gibt es innerhalb einer Oktave, wenn man schwarze und weiße Tasten zusammenzählt. Zwölf Halbtonschritte – das kann man nun in drei Intervalle von je vier Schritten aufteilen. Oder in vier Intervalle von je drei. Man nennt diese beiden Intervalle die große und die kleine Terz. Die große Terz sollte definitionsgemäß ein Frequenzverhältnis von 5:4 haben, und die kleine Terz ein Frequenzverhältnis von 6:5. Nun kann man allerdings leicht nachrechnen: Wenn man diese Zahlenverhältnisse mehrfach übereinanderstapelt, erreicht man nie exakt die Oktave. Drei große Terzen sind streng genommen knapp fünf Prozent weniger als eine Oktave, und vier kleine Terzen sind streng genommen gut sieben Prozent mehr als eine Oktave.

Es zeigt sich: In der Praxis ist Musik alles andere als mathematisch exakt. Man kann nicht einmal eine simple Tonleiter bauen, in der alle Intervalle exakt stimmen. Man muss Kompromisse eingehen. Wenn die Oktaven exakt richtig sein sollen, dann müssen die Quinten und die Terzen ein kleines bisschen falsch sein.

Wenn man echte Musik analysiert, die von echten Menschen mit echten Musikinstrumenten gespielt wird, dann stellt man fest: Die tatsächlichen Frequenzverhältnisse sind immer etwas unsauber, sie hängen von vielen verschiedenen Faktoren ab. Je nach Tempo, Kontext, Harmonie und Ausdruck können die gespielten Frequenzen ein bisschen variieren, aber unser Gehirn schafft es trotzdem, sie als wohldefinierte Töne und Ton-Intervalle wahrzunehmen – aber das ist eine Leistung unseres Denkens, keine physikalisch klar definierte Eigenschaft der Schallwellen.

Es gibt einen ganzen Forschungszweig, der sich mit unterschiedlichen Musiktraditionen auf der ganzen Welt befasst: die Musik-Ethnologie. Man kann unterschiedlichste Aspekte der Musik weltweit vergleichen – Tonhöhen, Tonleiterstrukturen, Rhythmen, Musikinstrumente und vieles mehr. Dabei stellt man fest: Es gibt keine Elemente der Musik, die in allen Kulturen der Welt gleich sind. Manche Dinge sind sehr verbreitet – etwa, dass die Oktave eine besonders wichtige Rolle spielt. Aber welche Regel man sich auch immer heraussucht, man findet immer eine Kultur, in der diese Regel nicht gültig ist.

Wenn man eine Klaviertaste anschlägt, bringt der Hammer meist zwei oder drei Saiten gleichzeitig zum Schwingen. Wenn diese Saiten nur minimal unterschiedliche Frequenzen erzeugen, entstehen langsame Schwebungen: Manchmal addieren sich die Schallwellen und verstärken sich, dann überlagern sich Wellenberg und Wellental und sie löschen einander teilweise aus. Man sagt dann: Das Klavier ist verstimmt. Eigentlich soll es so wenig Schwebungen wie möglich produzieren.

In der indonesischen Gamelan-Musik allerdings ist genau dieser Effekt erwünscht. Dort baut man Instrumente bewusst so, dass sie leicht gegeneinander verstimmt sind. Die entstehenden Schwebungen nennt man „Ombak", sie gelten als die eigentliche Schönheit des Klangs. Ein Ton ohne Ombak wird als leblos, flach und langweilig empfunden.

Auch wenn wir in die Musikgeschichte zurückblicken, zeigen sich überraschende Unterschiede. Heute gilt der Dreiklang in der westlichen Musikkultur fast als Inbegriff der Harmonie: Drei Töne werden übereinandergelegt, jeweils im Abstand von einer Terz. Doch noch im Mittelalter galt die Terz als dissonant, als unharmonisches Intervall. Weder die Physik noch die Zahlentheorie hat sich geändert – die Hörgewohnheiten aber schon.

„Der einzige universelle Aspekt der Musik scheint zu sein, dass die meisten Menschen Musik machen", schrieb der amerikanische Musik-Ethnologe Georg List. Musik gibt es überall, wo es Menschen gibt. Aber welche Töne wir verwenden, was als harmonisch empfunden wird und nach welchen Regeln wir aus Druckschwankungen in der Luft verschiedene Klangvorstellungen in unserem Kopf entstehen lassen – das ist kulturell geprägt. Musik ist viel komplizierter als die Physik von Frequenzen und die Mathematik von Zahlenverhältnissen.

DIE VERRÜCKTE FORM MENSCHLICHER OHREN

Wenn wir über das menschliche Hörvermögen nachdenken, drängt sich aber noch eine ganz andere Frage auf: Warum sehen menschliche Ohren so seltsam aus? Welchen Sinn hat unsere eigenartig geformte Ohrmuschel, diese merkwürdig gequetschte Schneckenform, die außen an unseren Köpfen befestigt ist?

Als Pinna bezeichnet man den äußeren, knorpeligen Teil unseres Ohrs. Diese Pinna ist eigentlich etwas recht Ungewöhnliches: Reptilien und Vögel haben überhaupt kein äußeres Ohr, viele andere Tiere, Katzen zum Beispiel, haben Ohren mit einer viel einfacheren geometrischen Form. Aber wir Menschen haben diese erstaunlichen Furchenknubbel. Die Form unserer Ohren dürfte damit zusammenhängen, dass wir neben verschiedenen Tonhöhen und Lautstärken noch eine weitere wichtige Eigenschaft von Schallwellen wahrnehmen können: ihre Richtung.

Mit bemerkenswert guter Präzision können wir hören, woher ein Geräusch kommt. Das ist nur möglich, weil wir zwei Ohren haben: Wenn die Signale, die von unseren beiden Ohren aufgefangen werden, leicht unterschiedlich sind, können wir daraus ableiten, wo sich die Geräuschquelle befindet.

Angenommen, ein Geräusch kommt von rechts. Dann wird es zuerst das rechte Ohr erreichen und dann erst das linke. Ein Geräusch, das direkt vor uns entsteht, wird bei beiden Ohren gleichzeitig eintreffen. Auf diese Weise können wir die Richtung abschätzen. Die Zeitverzögerung zwischen einer Geräuschempfindung im rechten und im linken Ohr ist zwar winzig – weniger als eine Tausendstelsekunde –, aber für unser Gehirn trotzdem noch gut wahrnehmbar.

Das ist aber noch nicht alles: Wenn das Geräusch von rechts kommt, wird das rechte Ohr es nicht nur früher wahrnehmen, es wird dort auch deutlich lauter zu hören sein. Das linke Ohr wird in diesem Fall vom Kopf abgeschirmt, es befindet sich gewissermaßen im „akustischen Schatten" des Körpers. Auch diese Information nutzt unser Gehirn, um die Richtung einer Schallquelle zu erkennen.

Durch die seltsame Form unseres äußeren Ohrs wird die Sache noch komplizierter: Unsere Pinna leitet nämlich durch ihre merkwürdige gekrümmte Geometrie unterschiedliche Schallwellen unterschiedlich gut ins Innere des Gehörgangs weiter. Manche Wellenlängen werden stärker abgedämpft als andere. Das bedeutet: Ein bestimmter vertrauter Klang wird für uns leicht unterschiedlich klingen, je nachdem, aus welcher Richtung er kommt. Unser Gehirn lernt im Lauf der Zeit aber, dass es sich immer um denselben Klang handelt und interpretiert die feinen Unterschiede als Information über die Richtung der Klangquelle. Das ist nicht angeboren, sondern erlernt, wie ein Forschungsteam aus den Niederlanden 1998 zeigen konnte: Man stattete Versuchspersonen mit künstlichen Silikon-Ohren aus. Die geometrische Form der Pinna wurde gezielt verändert, indem man maßgeschneiderte Einlagestücke am Ohr befestigte. Interessanterweise konnten die Versuchspersonen danach noch immer sagen, ob ein Geräusch von links oder von rechts kam, doch die Höhe der Geräuschquelle konnten sie nicht mehr einschätzen. Ob ein Geräusch von oben oder von unten kommt, registrieren wir offenbar dadurch, dass unser seltsam gewundenes Ohrprofil die Quellen je nach Richtung unterschiedlich einfängt.

Nach einigen Wochen allerdings lernten die Versuchspersonen, mit ihrer neuen Ohren-Geometrie umzugehen. Sie gewöhnten sich an die Silikon-Pinna und am Ende schnitten sie bei Richtungs-Hörtests fast genauso gut ab wie vorher. Richtungshören scheint also ein komplizierter Prozess zu sein, bei dem Erfahrung eine wichtige Rolle spielt. Auch hier hängt die Wahrnehmung, die in unserem Kopf entsteht, nicht nur von der physikalischen Wirklichkeit ab – sie entsteht durch Erfahrung, Gewohnheit und komplizierte Verarbeitungsprozesse in unserem Gehirn.

RECHTS UND LINKS: EXPERIMENTE MIT VERTAUSCHTEN OHREN

Im Sommer 1927 stellte sich der US-amerikanische Psychologe Paul Thomas Young die Frage: Was würde passieren, wenn man die Ohren vertauschen könnte? Wenn ein Meisterchirurg das rechte Innenohr auf die linke Seite des Kopfes transplantieren könnte und das linke nach rechts, und wenn man dabei alle Nervenverbindungen belassen würde, wie sie sind – müsste dann nicht die Hörwahrnehmung einfach die Seiten wechseln? Würde man dann ein Geräusch, das von links kommt, rechts wahrnehmen – und umgekehrt?

Natürlich ist eine solche Operation unmöglich – ganz abgesehen davon, dass wohl niemand verrückt genug wäre, sich freiwillig auf so ein medizinisches Abenteuer einzulassen. Also entschied sich Paul Thomas Young für die nächstbeste Möglichkeit: Er konstruierte einen Apparat, der den Schall um den Kopf herumleitete. Ein Trichter fing den Schall auf der linken Seite ein und leitete ihn durch eine Röhre zum rechten Ohr, und ein Trichter auf der rechten Seite war mit dem linken Ohr verbunden.

Als „Pseudophon" bezeichnete man diesen Apparat, den Young auf dem Kopf trug und mit dem er wochenlang herumspazierte, um herauszufinden, wie seine Wahrnehmung darauf reagieren würde. Er schrieb zwar selbst in seinem Bericht, dass es „mehr oder weniger peinlich" war, damit in der Öffentlichkeit gesehen zu werden – aber was tut man nicht alles für die Wissenschaft!

Tatsächlich zeigte sich, dass die Richtungswahrnehmung von Geräuschen dadurch verändert wurde. So beschreibt Young etwa, dass er einen Hund bellen hörte, und zwar von ihm aus gesehen vorne links. Ganz automatisch blickte er in diese Richtung, aber da war kein Hund. Stattdessen war der Hund rechts hinter ihm – genau in der entgegengesetzten Richtung.

Exakt das hatte Young erwartet, aber nicht in jeder Situation war das Ergebnis seiner Experimente so einfach. Sein Gehirn schaltete zwischen richtigem und falschem Richtungshören hin und her. Manche Geräusche erschienen ihm seitenverkehrt, andere nicht. Besonders wenn er schon wusste, wo sich eine Schallquelle befand, etwa weil er sie zuvor bereits gesehen hatte, funktionierte die Illusion nicht – dann erkannte er die Richtung des Geräuschs trotz Pseudophon oft ganz korrekt.

ECHOLOKATION: WIE MAN BILDER HÖREN KANN

Manche Tiere sind wahre Meister im Richtungshören – zum Beispiel Fledermäuse oder auch Wale. Sie können sich im Raum orientieren, indem sie ihre Umgebung mit Schallwellen abtasten. Man nennt das „Echolokation“ oder „Echoortung“.

Fledermäuse produzieren extrem hohe Ultraschallsignale, mit einer Frequenz von bis zu 100.000 Hertz. Dieser kurzwellige Schall wird nun von verschiedenen Objekten reflektiert – von einem Hindernis vielleicht, dem die Fledermaus im Flug ausweichen sollte, oder aber von einem Beutetier. Der Schall kehrt somit als Echo zur Fledermaus zurück, die mit ihren großen, empfindlichen Ohren genau ermitteln kann, aus welcher Richtung dieses Echo kommt. Aus dem Zeitabstand zwischen Aussenden des Schallsignals und Auffangen des Echos kann die Fledermaus auch genau abschätzen, wie weit dieses Objekt entfernt ist.

Zusätzlich nutzen Fledermäuse auch noch einen weiteren Trick – den Dopplereffekt. Den kennen wir aus dem Alltag: Wenn ein Krankenwagen mit lautem Martinshorn auf uns zufährt, klingt das für uns etwas höher. Entfernt er sich dann von uns, wird der Ton plötzlich tiefer. Der Effekt ist umso stärker, je schneller der Wagen fährt.

Dieser Dopplereffekt tritt nicht nur auf, wenn sich die Schallquelle selbst bewegt, sondern auch, wenn ein bewegtes Objekt Schall reflektiert. Das bedeutet: Wenn die Fledermaus einen Nachtfalter anschreit, der gerade versucht, ihr zu entkommen, dann wird das Echo, das zu ihren Ohren zurückgeworfen wird, etwas tiefer klingen als ihr Schrei. Durch diesen Dopplereffekt kann die Fledermaus nicht nur herausfinden, wo sich der Nachtfalter befindet, sondern sogar, wie schnell er sich bewegt.

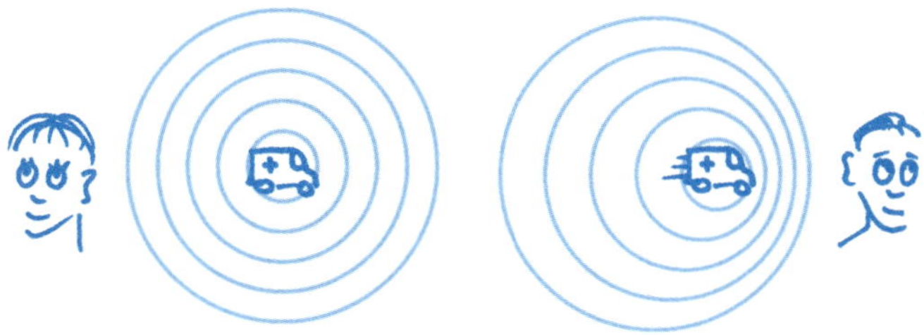

Wir wissen bereits, dass Tonhöhe nichts anderes ist als die Antwort auf die Frage: „Wie oft pro Sekunde wechseln einander Hochdruck und Niedrigdruck einer Schallwelle ab?“ Wenn das Martinshorn nun gerade hohen Luftdruck produziert, dann wandert dieser hohe Luftdruck zu unserem Ohr. Einen Augenblick später ist eine Niedrigdruckphase an der Reihe – doch inzwischen hat sich der Rettungswagen ein kleines Stück auf uns zubewegt. Und bei der nächsten Hochdruckphase der Schallwelle ist er uns wieder ein bisschen näher. Das Auto fährt also seiner eigenen Schallwelle hinterher, die Hochdruckfronten haben einen kürzeren Abstand voneinander als sonst – die Wellenlänge wird kleiner, die Frequenz nimmt zu, der Ton wird höher. Fährt das Auto dann weg, fährt es den eigenen Schallwellen davon – die Abstände werden größer, der Ton wird tiefer.

Auch Zahnwale, zu denen etwa Delfine oder Pottwale gehören, nutzen die Echoortung. Sie senden kurze, laute Klickgeräusche aus, in eine ganz bestimmte Richtung. Wenn sich genau in dieser Richtung ein Beutetier befindet, können die Wale es wahrnehmen. Wir Menschen haben diesen Trick übernommen und in unsere U-Boote eingebaut – mit Unterwasser-Lautsprechern, die bestimmte Schallwellen aussenden, und mehreren Mikrofonen, mit denen man dann feststellen kann, aus welcher Richtung das Echo kommt. Aus dem zeitlichen Abstand zwischen Signal und Echo kann man außerdem den Abstand des reflektierenden Objekts ausrechnen.

MENSCHEN MIT FLEDERMAUS-TALENT

Erstaunlicherweise brauchen wir Menschen aber gar nicht unbedingt Sonargeräte, um Echolokation zu betreiben. Wir können das auch ganz ohne technische Hilfsmittel. Mit ein bisschen Training können auch wir Menschen Echos mit atemberaubender Genauigkeit interpretieren. Es ist eine völlig unterschätzte Wahrnehmungsfähigkeit, die den meisten von uns gar nicht bewusst ist.

Stellen wir uns vor, unsere Augen sind verbunden, wir öffnen eine Tür und treten in einen Raum. Ist es ein großer Ballsaal oder eine kleine, enge Rumpelkammer? Das bemerken wir sofort, ganz intuitiv und ohne nachzudenken. In einem großen Raum werden die Geräusche unserer Schritte völlig anders widerhallen. Noch besser können wir unsere Umgebung einschätzen, wenn wir genau wie Fledermäuse oder Wale aktiv Laute ausstoßen, wenn wir zum Beispiel durch Zungenschnalzen einen kurzen Klicklaut produzieren.

Man kann das ganz einfach ausprobieren: Direkt vor einer Wand klingt ein solcher Klicklaut ganz anders als ein Klickgeräusch in einem großen, offenen Raum. Den Unterschied erkennen wir ohne jedes Training. Wenn man diese Fähigkeit aber übt, kann man sie noch deutlich verfeinern.

Ein Beispiel dafür ist Daniel Kish, ein berühmter US-amerikanischer Echolokations-Spezialist. Schon als kleines Kind erblindete er, ganz intuitiv begann er daraufhin, Klicklaute zu produzieren, noch bevor er zwei Jahre alt war. Er brachte sich selbst bei, das Echo dieser Laute zu interpretieren und begann, seine Umgebung zu erkunden – Jahre bevor er überhaupt wusste, was Sonar ist und warum seine Technik physikalisch gesehen funktionieren kann.

Daniel Kish lernte, mithilfe von Klickgeräuschen Hindernisse zu erkennen. Er lernte, Straßen zu überqueren und allein zur Schule zu gehen. Mit Begeisterung kletterte er auf

Bäume und über Gartenzäune. Eines Tages probierte er, Fahrrad zu fahren – und es klappte. Nicht immer ohne Unfälle zwar, aber das ist bei anderen Kindern auch nicht anders. Durch ständiges Klicken schaffte er es auch auf dem Fahrrad, sich ein Bild seiner Umgebung zu verschaffen.

Später begann Daniel Kish, seine Klicktechnik auch anderen blinden Menschen beizubringen. Er setzt sich dafür ein, dass blinde Kinder diese Fähigkeit frühzeitig trainieren, um ein möglichst eigenständiges Leben führen zu können.

Seither wurden viele verschiedene Experimente zur menschlichen Echolokation durchgeführt. Dabei zeigte sich: Schon nach einigen Wochen Training können sich Menschen, die das Echohören üben, ein ziemlich verlässliches Bild ihrer Umgebung machen. Sogar die Beschaffenheit von Oberflächen können sie wahrnehmen – das Echo einer Hecke hört sich anders an als das Echo einer Betonwand oder eines Gartenzauns.

Natürlich ist dieses Bild nicht so scharf und detailliert wie das Bild, das sich sehenden Menschen bietet, aber es gibt große Ähnlichkeiten: Sehen bedeutet, Lichtwellen wahrzunehmen, die zuvor von unterschiedlichen Objekten abgelenkt wurden. Echolokation bedeutet, Schallwellen wahrzunehmen, die zuvor von unterschiedlichen Objekten abgelenkt wurden. Und so wie rote Objekte eine andere Farbe reflektieren als grüne Objekte, reflektieren weiche Objekte eben eine andere Klangfarbe als harte Objekte.

Was geht dabei eigentlich im Gehirn vor, wenn man Echolokation trainiert hat? Wie verarbeitet das Gehirn diese neue Fähigkeit? Das kann man testen, indem man Menschen in einem Magnetresonanzgerät untersucht. Damit lässt sich messen, welche Regionen des Gehirns gerade aktiv sind. Dabei stellte man fest: Wenn Testpersonen Echolokations-Aufgaben lösen, dann beginnen genau jene Gehirnareale im Hinterkopf zu arbeiten, die sonst eigentlich für das Sehen zuständig sind.

Blinde Menschen können ihr Sehzentrum verwenden, um Schall räumlich zu interpretieren. Auch in unserem Kopf hängen Sehen und Hören also auf merkwürdige Weise zusammen.

Ludwig van Beethoven konnte verstehen, was andere Leute hören, wenn er einfach nur ein Notenblatt sah. Und blinde Menschen können verstehen, was andere Leute sehen, wenn sie einfach nur ein Echo hören. Oft ist es gar nicht entscheidend, über welches Sinnesorgan die Information in unser Gehirn kommt – wichtig ist nur der Eindruck, der am Ende in unserem Kopf entsteht.

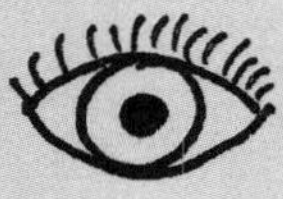

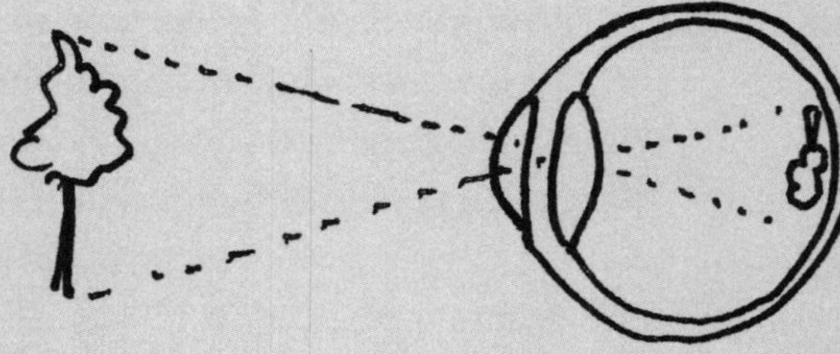

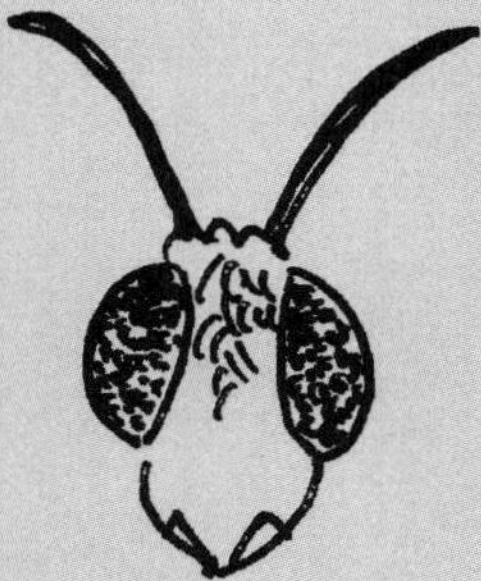

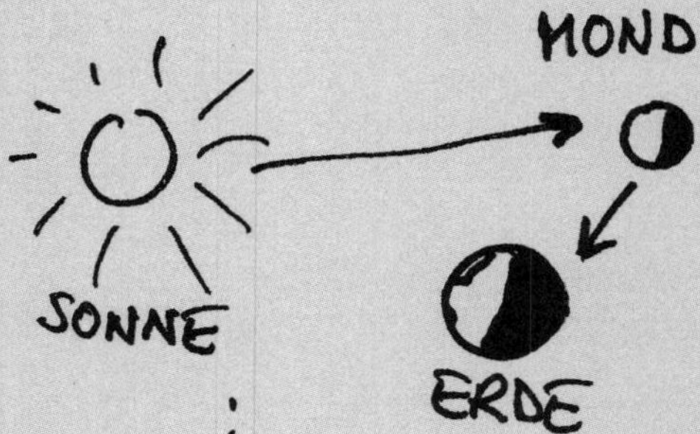
MOND
SONNE
ERDE

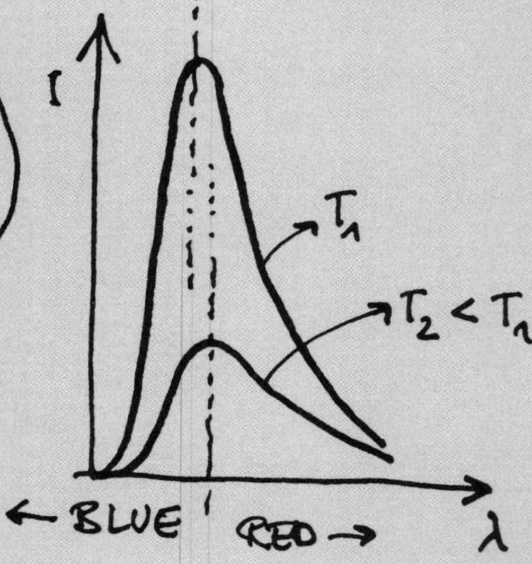
I
T_1
$T_2 < T_1$
← BLUE
RED →
λ

KAPITEL 3

SEHEN

Warum mein Rot etwas anderes ist als dein Rot, was der Maler Claude Monet mit einer Ameise gemeinsam hatte und warum es völlig in Ordnung ist, alles verkehrt zu sehen: Farben sind eher ein Produkt unseres Denkens als eine Eigenschaft der äußeren Welt.

Wenn man zwei Menschen rote Farbe zeigt, sehen sie dann das Gleiche? Wäre es denkbar, dass Blau in meinem Kopf so aussieht wie Gelb im Kopf meiner Tante? Kann es sein, dass Menschen in früheren Zeiten Farben anders gesehen haben als wir heute?

William Gladstone dachte schon seit den 1850er-Jahren über solche Fragen nach. Eigentlich war er Politiker, später wurde er sogar britischer Premierminister. Doch in diesen Jahren befasste sich Gladstone mit ganz anderen Dingen: Er arbeitete an einem großen Werk über den griechischen Dichter Homer, den Schöpfer der „Ilias" und der „Odyssee". Und dabei fiel Gladstone etwas sehr Seltsames auf: Homer beschreibt die Welt der Antike in vielen Details, er erzählt vom Klirren der Waffen auf dem Schlachtfeld und vom Duft wohlriechender Öle. Aber seine Farbbezeichnungen ergeben überhaupt keinen Sinn.

Farbwörter kommen bei Homer nur selten vor – und wenn, dann sind es meist Begriffe für „weiß" und „schwarz" oder „hell" und „dunkel". Auch Rot wird ab und zu erwähnt, aber andere Farbbezeichnungen verwendet Homer kaum – und wenn doch, dann auf befremdlich unpassende Art. So beschreibt er etwa das Meer als „weinfarben" (wörtlich: οἶνοψ

– *oinops,* nach Wein aussehend). Was soll das bedeuten? Wie kann man das Blau des Wassers mit dem dunklen Rot des Weins vergleichen? Wie kann es sein, dass Schafe bei Homer „dicke, violette Wolle“ haben? Und warum ist Honig „grün wie frische Zweige“ (χλωρός – *chloros*)? Wie konnte der große Poet der griechischen Antike, der seine Welt so präzise und sorgfältig in Worte fasste, ausgerechnet bei ganz gewöhnlichen Farbwörtern ständig stümperhaft danebengreifen?

Gladstone kam zu dem Schluss: Viele Farbbegriffe hatten zu Homers Zeiten eine grundsätzlich andere Funktion als heute. Die Wörter von damals lassen sich nicht so einfach in unsere moderne Sprache übersetzen. Ob zwei Dinge farblich ähnlich aussehen oder nicht – das ist keine objektive Eigenschaft der Natur. Farben sind Kategorien, die kulturell geprägt werden.

Aus heutiger Sicht war das ein sehr moderner Standpunkt, doch damals wurde Gladstone schrecklich missverstanden. Schon kurz nach der Veröffentlichung seiner Schriften schlussfolgerten manche Leute: Die Menschen zu Homers Zeiten müssen Farben also physisch anders wahrgenommen haben! Vielleicht waren die alten Griechen alle farbenblind? Oder vielleicht war Farbenblindheit damals zumindest viel häufiger als heute? Vielleicht hat sich die Fähigkeit, Farben zu unterscheiden, erst nach und nach entwickelt, in den letzten Jahrhunderten?

Biologisch betrachtet ist diese Annahme höchst unplausibel. Die Evolution kann zwar die Wahrnehmungsfähigkeit ändern, aber nur auf sehr großen Zeitskalen, nicht im Lauf von ein paar Hundert Jahren, und schon gar nicht flächendeckend bei der gesamten Menschheit. Es gibt keinerlei Hinweise darauf, dass die Augen unserer antiken Vorfahren anders funktioniert haben als unsere. Aber was ist hier wirklich passiert? Um dieses Rätsel zu lösen, müssen wir zuerst mal darüber nachdenken, was „Sehen“ überhaupt bedeutet.

DAS GLEISSEND HELLE SCHWARZ DES WELTRAUMS

Wenn es irgendwo hell ist, heißt das noch lange nicht, dass man etwas sehen kann. Angenommen, wir schweben einsam und verlassen durch die Dunkelheit des Weltraums, weit weg von Sternen und Planeten. In der Ferne patrouilliert ein außerirdisches Raumschiff und schießt plötzlich einen ultrahellen Strahl aus gebündeltem Laserlicht durch die Finsternis, knapp an uns vorbei. Würden wir das bemerken? Vermutlich nicht. Der Abschnitt des Weltraums, der vom außerirdischen Lichtstrahl hell erleuchtet wird, würde für uns immer noch genauso pechschwarz aussehen wie zuvor. Wir können nicht sehen, ob eine bestimmte Stelle hell ist oder nicht. Wir können nur wahrnehmen, ob aus einer bestimmten Richtung Licht in unser Auge fällt.

Anders sieht die Sache aus, wenn der Weltraum rings um uns doch nicht ganz leer ist, sondern Staubkörner oder feine Rauchpartikel enthält. Dann wird nämlich der Lichtstrahl an den Partikeln gestreut und in alle Richtungen abgelenkt – auch in die Richtung, in der wir uns befinden. Die Partikel erscheinen uns dann als kleine leuchtende Punkte.

Aus demselben Grund wird der schwarze Nachthimmel hell, wenn der Mond aufgeht. Draußen im Weltraum war es vorher schon genauso hell, bevor sich der Mond in diese Position geschoben hat. Nur können wir das Licht erst jetzt sehen, weil der Mond einen Teil davon in unsere Richtung ablenkt, sodass es in unsere Augen fallen kann – oder in unsere Teleskope.

VOM EINZELLER ZUM MENSCHENAUGE

Sehen bedeutet also, Helligkeit zu registrieren und zu bemerken, woher sie kommt. Das ist grundsätzlich nicht besonders kompliziert. Sogar sehr einfache Lebewesen können das.

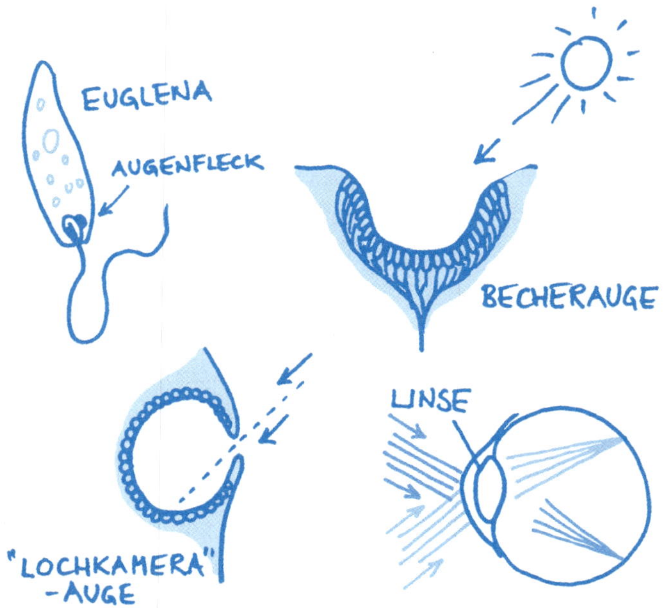

Ansätze von Richtungs-Sehen finden wir zum Beispiel bei Euglena, dem sogenannten Augentierchen. Euglena ist ein simpler Einzeller, der im Wasser lebt und eines der einfachsten Sehorgane hat, die man sich vorstellen kann. Euglenas „Augenfleck“ besteht aus einer lichtsensiblen Stelle und einem kleinen orangeroten Pigmenttröpfchen direkt daneben.

Wenn Licht aus der passenden Richtung kommt, dann registriert Euglena Helligkeit. Wenn das Licht aber aus der anderen Richtung kommt, dann wird es vom Pigmenttröpfchen verdeckt und die lichtsensible Stelle bleibt dunkel. Direkt an diesen Augenfleck ist eine bewegliche Geißel gekoppelt, dadurch kann sich Euglena gezielt zum Licht hin- oder vom Licht abwenden.

Ein deutlich besseres Sehsystem wird möglich, wenn man ein größeres Tier ist, das aus vielen Zellen besteht. Stellen wir uns zum Beispiel ein Tier vor, das eine kleine Mulde im Körper hat, eine becherförmige Vertiefung mit lichtsensiblen Zellen. Je nachdem, aus welcher Richtung das Licht kommt, liegt eine Seite der Mulde im Schatten, die andere Seite registriert Helligkeit. Man bezeichnet das als „Becherauge“, so etwas findet man bei manchen Würmern oder Schnecken.

Von einem solchen Becherauge ist es nur noch ein kleiner Schritt zu einem Sehapparat, wie ihn die Nautilus hat – ein Kopffüßer aus dem tropischen Meer mit schneckenförmigem Kalkgehäuse. Die Nautilus erinnert stark an Tiere, die bereits vor fünfhundert Millionen Jahren unsere Ozeane bevölkerten. Ihre Augen funktionieren wie eine Lochkamera: Durch eine kleine Öffnung fallen Lichtstrahlen in einen großen Hohlraum. Lichtstrahlen, die aus unterschiedlichen Richtungen durch die Öffnung gelangen, treffen die Hohlraumwand an unterschiedlichen Stellen.

So kann die Nautilus ziemlich genau feststellen, wie viel Licht aus welcher Richtung kommt. Und daraus ergibt sich ein Bild: Ein Bild ist schließlich nichts anderes als ein zweidimensionales Lichtrichtungsverzeichnis. Das Bild, das so ein Nautilus-Auge erzeugt, ist recht unscharf, aber es erzeugt eine echte Abbildung der Außenwelt, es ermöglicht ein Erkennen von Objekten.

Wir Menschen können weitaus besser sehen als Becheraugenwürmer oder Kopffüßer. Wie die meisten anderen Säugetiere haben wir hochentwickelte Linsenaugen. Sie sammeln Licht ein und projizieren es gebündelt auf unsere Netzhaut. Man könnte sagen: Die Augenlinse sortiert einfallende Lichtstrahlen nach der Richtung, aus der sie kommen. Alle Lichtstrahlen, die aus derselben Richtung von oben links auf unser Auge fallen, werden auf denselben Punkt unten rechts auf der Netzhaut geschickt. Wenn auf diese Weise viele verschiedene Punkte gleichzeitig viele verschiedene Richtungssignale erhalten, dann ist ein scharfes Bild entstanden.

Oft wird unser Auge mit einer Fotokamera verglichen. In beiden Fällen wird Licht durch Linsen auf einen Lichtdetektor projiziert – im Auge ist das die Netzhaut, in der Kamera ein elektronischer Sensor. Trotzdem ist der Unterschied gewaltig: Würde eine Kamera ein Bild liefern wie unsere Netzhaut, wir würden sie wohl wegwerfen.

Die Linse in der Kamera ist normalerweise glasklar, aber der Glaskörper in unserem Auge hat Trübungen, Blutgefäße im Auge stören die Sicht und erzeugen Schatteneffekte. Dort, wo der Sehnerv an der Netzhaut ansetzt, können wir überhaupt nichts sehen, dort sitzen keine Lichtrezeptorzellen – das ist der sogenannte „blinde Fleck".

Ein richtig scharfes Bild bekommen wir nur in einem erstaunlich kleinen Bereich unseres Gesichtsfeldes: Nur das Licht, das aus einem engen Winkel von ein bis zwei Grad auf unser Auge fällt, wird auf die Fovea projiziert, also auf den Bereich der Netzhaut, an dem besonders viele Rezeptorzellen sitzen. Nur dort hat unsere Netzhaut ihre maximale Auflösung. Wenn wir den Arm ausstrecken und unseren Daumen ansehen, dann füllt er ungefähr die Fovea aus. Der ganze Rest unseres Gesichtsfeldes ist vergleichsweise unscharf. Deshalb bewegen wir unbewusst ständig unsere Augen – um genau jene Objekte, für die wir uns gerade besonders interessieren, auf unserer Fovea abzubilden.

Das Verblüffende daran ist: Nichts davon nehmen wir wahr. Niemand hat das Gefühl, den Großteil der Umgebung unscharf zu sehen. Es gibt kein klaffendes schwarzes Loch in unserem Gesichtsfeld, verursacht durch den blinden Fleck. Auch Linsentrübungen und Schatten auf der Netzhaut sind uns zum Glück meistens nicht bewusst.

In den Daten, die unser Gehirn von der Netzhaut geliefert bekommt, sind viele kleine Fehler enthalten. Aber das Bild in unserem Kopf enthält diese Fehler nicht. Unser Gehirn ist meisterhaft gut darin, solche Störungen auszugleichen. Das zeigt uns: Helligkeitsmesswerte allein sind noch keine Wahrnehmung. Das Bild, das wir sehen, entsteht nicht in unserem Auge, sondern eigentlich erst in unserem Gehirn – im Okzipitallappen des Hinterkopfs, zwei Handbreit von den Augen entfernt.

WELLEN? TEILCHEN? BEIDES!

Aber was ist dieses Licht nun eigentlich, das unsere Augen wahrnehmen? Über diese Frage wurde jahrhundertelang heftig gestritten. Der englische Physiker Isaac Newton verkündete zu Beginn des 18. Jahrhunderts: Licht muss zweifellos aus winzigen Teilchen bestehen. Zu Beginn des 19. Jahrhunderts allerdings führte der Physiker Thomas Young Lichtexperimente durch, die zeigten: Licht benimmt sich wie eine Welle. Man kann Lichtstrahlen in zwei Hälften aufteilen, sie wieder miteinander überlagern und dadurch Wellenmuster erzeugen, wie man sie auch von Wasserwellen kennt.

War Newton dadurch widerlegt? Nicht wirklich. Zu Beginn des 20. Jahrhunderts nämlich änderte sich die physikalische Lehrmeinung noch einmal. Ein weiterer junger Physiker namens Albert Einstein zeigte: Licht mag zwar etwas Welliges sein, aber gleichzeitig hat es auch Teilcheneigenschaften. Es besteht aus kleinen Portionen – aus sogenannten Photonen. Aber diese Photonen kann man sich nicht vorstellen wie kleine Kügelchen, die durch die Luft rasen. Sie sind wellig und können sich wellenhaft überlagern, genau wie Wellen auf einer Wasseroberfläche.

Der Streit, ob Licht aus Teilchen oder aus Wellen besteht, war also völlig sinnlos. Licht ist beides. Es besteht aus kleinen Portionen, so wie ein Sandhaufen aus kleinen Sandteilchen besteht. Aber gleichzeitig erzeugt es Wellenmuster, wie die Oberfläche eines Teichs, in den man Steine geworfen hat. Dass beides gleichzeitig möglich sein kann, ist für unser menschliches Gehirn schwer zu akzeptieren. Das macht aber nichts. Man kann es in mathematischen Formeln beschreiben, man kann das Verhalten von Licht sehr genau ausrechnen – und das genügt.

Aber was soll das eigentlich bedeuten, wenn wir von Lichtwellen sprechen? Was schlägt hier überhaupt Wellen? Normalerweise sind Wellen nur möglich, wenn es irgendein Medium gibt, in dem sie sich ausbreiten. Wasserwellen sind Schwingungen einer Wasseroberfläche. Wenn das Wasser versickert, gibt es auch keine Wellen mehr. Schallwellen sind Schwingungen der Luft. Wo keine Luft ist, kann man auch nichts hören. Aber Licht kann überall leuchten. Es kann problemlos das Vakuum des Weltraums durchqueren. Wie ist das möglich?

Lange Zeit was das ein Rätsel. Wenn das Licht weit entfernter Sterne zu uns gelangen kann, dann, so dachte man, muss doch das ganze Universum von einer geheimnisvollen, lichtleitenden Substanz erfüllt sein – von einem „Äther“, dem Medium der Lichtwellen. Doch so sehr man sich auch bemühte, man konnte diesen Äther nicht nachweisen. Man stellte fest: Lichtwellen brauchen kein Medium. Sie schwingen einfach so, ganz von allein. Was genau wird dabei in Schwingung versetzt? Gar nichts. Man könnte sagen: Die Leere, das Nichts, der Raum selbst schwingt. Eine Lichtwelle ist in gewissem Sinn eine Eigenschaft des leeren Raumes, so wie eine Wasserwelle eine Eigenschaft der Wasseroberfläche ist.

Licht ist eine Form von Elektromagnetismus. Es ist so etwas Ähnliches wie der Zustand, der zwischen zwei Magneten herrscht, oder wie das elektrische Feld eines Luftballons, den wir an einem Wollpullover gerubbelt haben, bis er ausreichend elektrisch geladen ist, um uns die Haare zu Berge stehen zu lassen. Solche elektromagnetischen Felder sind einfach da, ohne an irgendein Medium gebunden zu sein.

Wenn uns das seltsam vorkommt, wenn wir das Gefühl haben, dass sich das mit unserem intuitiven Bild der Wirklichkeit nicht verträgt, dann sollten wir uns nicht ärgern. Die Natur ist nicht verpflichtet, sich an unserem menschlichen

Bauchgefühl zu orientieren. Wenn das Modell der Welt, das wir im Kopf haben, bei solchen Fragen versagt, dann müssen wir es eben verändern und erweitern – und manchmal auch mit Ergebnissen leben, die auf den ersten Blick vielleicht etwas merkwürdig oder widersprüchlich wirken.

FARBEN, DIE AMEISEN NICHT MÖGEN

Wenn man Licht als Welle betrachtet, lässt sich auch erklären, warum es unterschiedliche Farben gibt. Das liegt daran, dass Lichtwellen unterschiedliche Wellenlängen haben können. Man kann das demonstrieren, indem man einen weißen Lichtstrahl durch ein Prisma schickt.

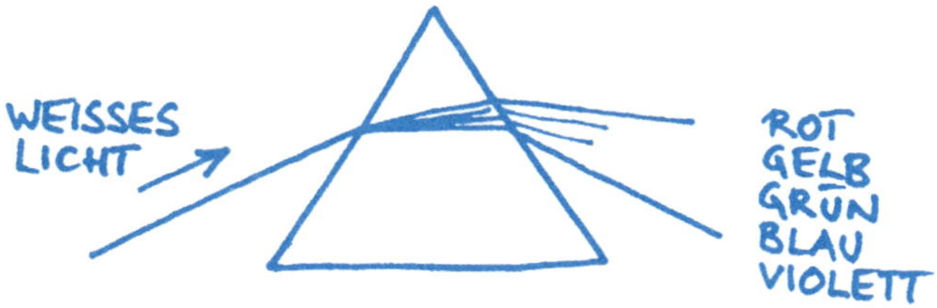

Das Prisma schickt unterschiedliche Lichtfarben in leicht unterschiedliche Richtungen. Man könnte auch sagen: Durch das Prisma werden die Photonen des Sonnenstrahls nach Wellenlänge sortiert. Daher sieht man dann hinter dem Prisma auf der Wand einen regenbogenartigen Farbverlauf. Wer kein dreieckig geschliffenes Glasprisma hat, kann ganz ähnliche Effekte auch mit einem einfachen Wasserglas erzeugen. Regenbögen am Himmel entstehen nach demselben Prinzip: Sonnenlicht fällt auf herabfallende Regentropfen, und ganz ähnlich wie beim Durchqueren eines Prismas werden die unterschiedlichen Wellenlängen beim Durchqueren eines Wassertropfens unterschiedlich abgelenkt.

Durch das Prisma wird der Lichtstrahl ein kleines bisschen abgelenkt. Wie stark dieser Effekt ist, hängt von der Wellenlänge ab. Rotes Licht hat eine größere Wellenlänge und wird nur schwach abgelenkt. Blaues oder violettes Licht hat eine kürzere Wellenlänge und wird etwas stärker abgelenkt.

In einem solchen Farbspektrum, das von Rot über Gelb und Grün bis hin zu Blau und Violett reicht, findet man alle Wellenlängen, die wir Menschen wahrnehmen können. Das sind aber noch lange nicht alle Wellenlängen, die es gibt. Manche Lebewesen können auch andere Lichtfarben sehen als wir – das konnte der britische Naturforscher John Lubbock in den 1880er-Jahren zeigen.

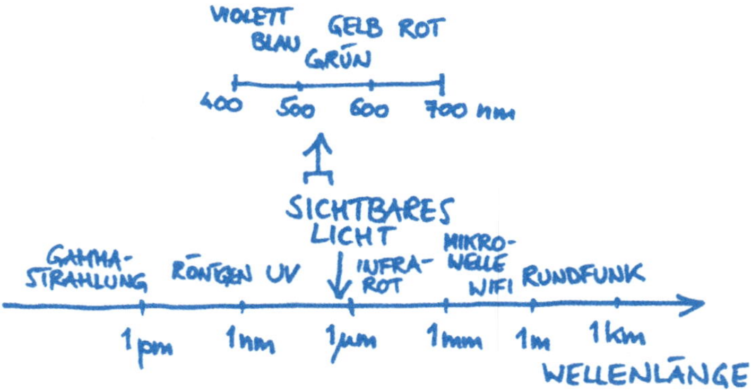

Lubbock beschäftigte sich damals mit Ameisen. Tief drin im Dunkel des Ameisenbaus kümmern sich Ameisen um ihren Nachwuchs. Wenn sie dort Licht wahrnehmen, ist das ein Alarmsignal: Es bedeutet normalerweise, dass jemand den Ameisenbau zerstört. Wenn das passiert, versuchen die Ameisen sofort, ihre Larven und Puppen in Sicherheit zu bringen.

Aber was geschieht, wenn man die Ameisen mit unterschiedlichen Lichtfarben beleuchtet? Lubbock stellte fest: Rotes Licht war den Ameisen völlig egal. Es schien für sie unsichtbar zu sein. Auf violettes Licht hingegen reagierten sie sehr empfindlich. Das Erstaunlichste daran war allerdings: Die Ameisen reagierten auch sehr heftig auf Licht mit noch kürzerer Wellenlänge, jenseits der violetten Farbe – also in einem Bereich, in dem Lubbock selbst gar kein Licht sehen konnte. Es schien, als gäbe es dort noch eine weitere Farbe, die für Ameisen problemlos wahrnehmbar ist, für Menschen aber nicht. Wir nennen sie „Ultraviolett".

Heute wissen wir: Die Wellenlängen, die wir sehen können, machen nur einen winzig kleinen Teil des elektromagnetischen Spektrums aus. Wir Menschen können Wellenlängen im Bereich von einigen Hundert Nanometern sehen – das ist ein bisschen kleiner als ein typisches Bakterium.

Die größte Wellenlänge, die wir mit unseren Augen wahrnehmen können, liegt bei ungefähr 780 Nanometern – das ist ein tiefes Rot. Etwas kürzere Wellenlängen sehen für uns gelb aus, dann kommt Grün, Blau und schließlich Violett – bei einer Wellenlänge von ungefähr 380 Nanometern, dann ist für uns Schluss.

Manche Ameisenarten allerdings können auch ultraviolette Wellenlängen von 360 Nanometern noch problemlos sehen. Nach dem ultravioletten Bereich kommen Wellenlängenbereiche, die nur mit speziellen Messgeräten wahrgenommen werden können: die Röntgenstrahlung, mit Wellenlängen im Bereich von Nanometern oder noch kürzer. Und die Gammastrahlen im Bereich von Pikometern – das ist ein Millionstel von einem Millionstel Meter (10 hoch minus 12 Meter).

Auf der anderen Seite des Farbspektrums gibt es auch Wellen, die zu lang sind, um von Menschen wahrgenommen zu werden: Nach der Farbe Rot kommt der Infrarotbereich. Die Infrarotsignale, die von Fernbedienungen ausgesendet werden, haben Wellenlängen in der Größenordnung von ungefähr einem Mikrometer, also einem Tausendstel Millimeter. Mikrowellen, mit denen wir in der Küche unser Essen aufwärmen, sind typischerweise einige Zentimeter lang. Radiowellen können eine Wellenlänge von vielen Metern haben, und für die Kommunikation mit U-Booten verwendet man manchmal auch elektromagnetische Wellen, die viele Kilometer lang sind.

All diese Wellen sind physikalisch gesehen nichts anderes als sichtbares Licht, nur eben in einem Wellenlängenbereich, den wir nicht wahrnehmen. Man könnte sagen: Für einen Großteil der physikalisch möglichen Farben sind wir völlig blind.

BLAUE STERNE, BLAUE FARNE, BLAUER HIMMEL: WOHER DIE FARBEN KOMMEN

Aber wie kommt es überhaupt, dass etwas eine Farbe hat? Das kann mehrere Gründe haben. Der allereinfachste ist: Es leuchtet. Das passiert zum Beispiel, wenn es sehr heiß ist. Wenn wir einen Eisenstab erhitzen, wird er bei ungefähr 750 Grad Celsius beginnen, dunkelrot zu glühen. Wenn er noch heißer wird, leuchtet er immer heller, und auch die Farbe ändert sich. Bei 1100 Grad Celsius strahlt er gelb, bei noch größerer Hitze wird er bläulich-weiß.

Was wir hier sehen, ist Wärmestrahlung. Wenn etwas warm ist, dann bedeutet das: Die Atome, aus denen es besteht, wackeln wild und unregelmäßig herum, und dabei erzeugen sie Licht unterschiedlicher Wellenlängen. Jedes Objekt im Universum erzeugt Wärmestrahlung, auch wir selbst. Unser Körper zum Beispiel, mit einer Temperatur von ungefähr 37 Grad Celsius, erzeugt Wärmestrahlung im Infrarotbereich, mit einer Wellenlänge von einigen Mikrometern – eine Wellenlänge, die mehr als zehnmal länger ist als die Wellenlängen, die für uns wahrnehmbar sind. Daher können wir unsere eigene Wärmestrahlung nicht sehen.

Je höher die Temperatur steigt, umso kürzer werden die abgestrahlten Wellenlängen – und beim heißen Eisenstab erreichen sie irgendwann einen Bereich, den wir Menschen sehen können. Wir sagen dann: Der Eisenstab beginnt zu glühen. Aber physikalisch gesehen hat an diesem Punkt überhaupt nichts begonnen, der Eisenstab hat auch zuvor schon Wärmestrahlung ausgesendet, nur eben in einer Farbe, die unsere Augen nicht bemerken.

Interessanterweise hängt diese Leuchtfarbe nur von der Temperatur ab, und von nichts sonst. Material, Größe oder Form spielen keine Rolle. Eine glühende Eisenstange mit 1000 Grad Celsius leuchtet orangerot. Ein Stern, dessen Oberfläche dieselbe Temperatur hat, strahlt genau dieselbe Farbe ab. Und eine Schokotorte, die man auf 1000 Grad Celsius erhitzt, hätte auch denselben orangeroten Farbton. (Nur würde sie lange vorher schon verbrennen, sich chemisch völlig verändern und nicht mehr besonders gut schmecken.)

Hier widerspricht die Physik der Wärmestrahlung unserem üblichen Sprachgebrauch, in dem Rot als „warme Farbe“ und Blau als „kühle Farbe“ bezeichnet wird. Das ist eine kulturell bedingte Zuschreibung – physikalisch gesehen ist Rot die kälteste und Blau die heißeste Farbe.

Farben kann man auch Objekten zuordnen, die nicht leuchten. Das ist physikalisch dann aber eigentlich etwas ganz anderes. Ein roter Stern ist rot, weil er rotes Licht erzeugt. Eine rote Tomate hingegen erzeugt kein rotes Licht, sie sieht nur rot aus, weil sie ziemlich gut darin ist, rote Wellenlängen in unser Auge zu lenken.

Die Tomate wird von weißem Sonnenlicht getroffen, das alle sichtbaren Wellenlängen gleichzeitig enthält. Manche dieser Wellenlängen werden von der Tomate absorbiert, die Tomate bekommt dadurch ein bisschen mehr Energie, sie wird ein wenig wärmer. Doch manche Wellenlängen, besonders eben im Bereich der Farbe Rot, werden von der Tomate nicht aufgenommen, sondern in alle Richtungen abgelenkt, sodass manche von ihnen zufällig genau in unser Auge fallen. Deshalb sieht die Tomate rot aus.

Welche Wellenlängen verschluckt werden, hängt davon ab, aus welchen Molekülen die Tomatenoberfläche besteht. Unterschiedliche Moleküle können unterschiedliche Wellenlängen absorbieren, auf diese Weise entstehen unterschiedliche Farben. Aber nicht alle Farben sind gleich häufig. Moleküle, die kurze Wellenlängen gut absorbieren und langwellige Anteile zu unserem Auge schicken, gibt es viele. Rote, orange und gelbe Farbtöne kommen daher in der Natur häufig vor, vom Marienkäfer bis zum Tigerfell. Moleküle, die rote Wellenlängen verschlucken und dafür die kurzen Lichtwellen an unser Auge schicken, sind viel seltener. Blaue Tiere und Pflanzen sind daher eher ungewöhnlich.

Wenn in der Natur ein besonders intensives Blau vorkommt, hat das oft aber einen anderen Grund: Das leuchtende Blau von Schmetterlingsflügeln, Pfauenfedern oder blauen Augen entsteht nicht durch blaue Farbstoffe, sondern durch die geometrische Form der Oberfläche.

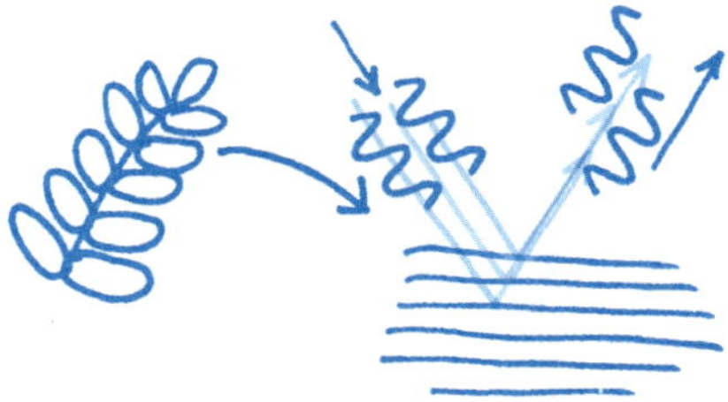

So wächst etwa in Malaysia der Farn Selaginella willdenowii, der bläulich schimmert. Seine Oberfläche besteht aus vielen dünnen Schichten. Wenn Licht auf diesen Farn fällt, dann können unterschiedliche Dinge passieren: Es kann gleich an der äußersten Schicht reflektiert werden. Es kann aber auch ein bisschen in den Farn eindringen und an der zweiten Schicht reflektiert werden. Oder an der dritten. Die Lichtwelle, die den Farn verlässt, besteht aus mehreren Teilen, die unterschiedlich tief in den Farn eingedrungen sind.

So wie sich Wasserwellen gegenseitig verstärken oder auslöschen, können sich auch diese Lichtwellen gegenseitig verstärken oder auslöschen. Welcher dieser Effekte eintritt, hängt von der Wellenlänge ab – also von der Farbe. Das bedeutet: Der Farn wird manche Farben sehr gut reflektieren, manche wird er fast vollständig verschlucken. Und wenn die mikroskopisch dünnen Schichten der Farnoberfläche genau den richtigen Abstand zueinander haben, um blaues Licht zu verstärken, dann schimmert der Farn bläulich. Man spricht in diesem Fall von „Strukturfarben“. Man könnte sagen: Pigmente sind chemisch – Strukturfarben sind physikalisch.

Auf wieder andere Weise entsteht die blaue Farbe des Himmels. Von den meisten Punkten im Universum aus betrachtet, ist der Himmel tiefschwarz. Wer auf dem Mond herumspaziert, sieht immer einen schwarzen Himmel, ganz egal, ob gerade Tag oder Nacht ist. Auf der Erde hingegen haben wir eine Atmosphäre, die Lichtstrahlen der Sonne ablenkt und in einem komplizierten Pingpongspiel nach vielen kleinen Streuungen in unser Auge schickt. Daher erreicht uns tagsüber aus allen Richtungen Licht, nicht nur von dort, wo die Sonne steht. Deshalb erscheint der ganze Himmel hell.

Aber warum ist dieses Licht ausgerechnet himmelblau? Weil nicht alle Wellenlängen gleich gut gestreut werden. Große Wellenlängen – etwa rotes oder oranges Licht – werden nur mit recht kleiner Wahrscheinlichkeit abgelenkt. Kürzere Wellenlängen – etwa blaue oder violette – lassen sich durch die Luftteilchen viel leichter aus der Bahn werfen. So ergibt sich eine Mischung, die insgesamt hellblau aussieht.

Dass die Sonne abends orangerot erscheint, hat denselben Grund – nur ist die Situation hier genau umgekehrt: Die Sonne schickt alle möglichen Wellenlängen gleichzeitig in unsere Richtung. Das Licht muss aber einen langen Weg durch die Atmosphäre zurücklegen, bis es unsere Augen erreicht. Die blauen und violetten Anteile werden wieder mit höherer Wahrscheinlichkeit abgelenkt und verschwinden in andere Richtungen, die orangeroten bleiben übrig und erreichen unser Auge.

REINE UND GEMISCHTE FARBEN

Wenn man möchte, kann man Farben in zwei verschiedene Sorten einteilen: Auf der einen Seite gibt es die Spektralfarben – das sind die Farben des Regenbogens, die jeweils eine ganz bestimmte Wellenlänge haben. Auf der anderen Seite gibt es gemischte Farben, die nicht nur aus einer Wellenlänge bestehen, sondern aus mehreren, möglicherweise sogar aus unendlich vielen. Es gibt keine Wellenlänge, die wir als „Himmelblau" wahrnehmen. „Himmelblau" ist eine Wahrnehmung, die nur durch das Zusammenspiel mehrerer verschiedener Wellenlängen entsteht.

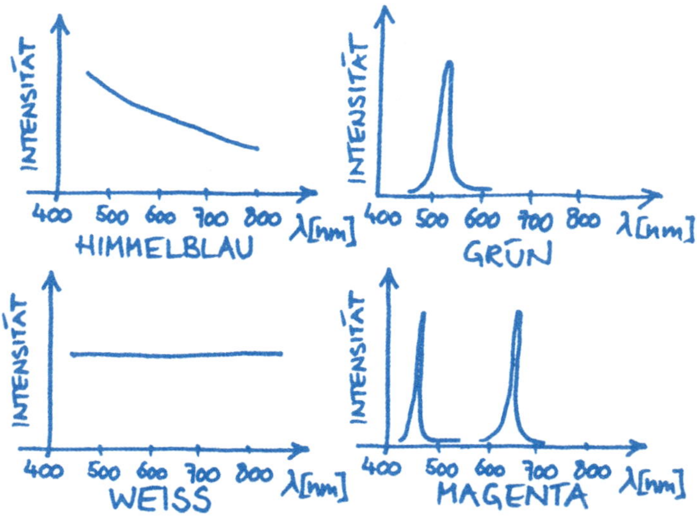

Auch Magenta ist keine Farbe des Regenbogens, sondern eine gemischte Farbe. Sie kann aus zwei klar voneinander getrennten Wellenlängen zusammengesetzt werden – aus einem Rot mit 650 Nanometern und einem Blau mit 450 Nanometern. Diese beiden Wellen mischen sich nicht etwa zu einer Kompromiss-Wellenlänge von 550 Nanometern (das wäre ein gelbliches Grün), sondern sie fügen sich zu einer Kombinationsfarbe zusammen, die in uns einen ganz anderen Eindruck hervorruft.

Was wir als Farben wahrnehmen, sind also nicht einfach nur Wellenlängen, sondern Wellenlängenkombinationen – so wie Klangfarben nicht nur von einer Tonhöhe definiert werden, sondern von einem Zusammenspiel vieler verschiedener Töne. Um eine Farbe physikalisch exakt zu definieren, muss man von jeder einzelnen Wellenlänge angeben, wie stark sie in dieser Farbe vorkommt. Man braucht also streng genommen unendlich viele Messwerte, um eine Farbe präzise zu beschreiben.

Interessant ist aber, dass unsere Wahrnehmung zwischen Spektralfarben und gemischten Farben nicht unterscheidet. Die Mischfarbe Magenta kommt uns nicht „gemischter" oder „unreiner" vor als die Spektralfarbe Grün. Wer sich mit Malerei beschäftigt, wird sich vielleicht überhaupt wundern, dass Grün eine reine Farbe sein soll. Schließlich kann man grüne Farbe aus gelber und blauer Farbe zusammenmischen. Was ist da los?

Um dieses Phänomen zu erklären, reicht die Physik allein nicht mehr aus – an dieser Stelle müssen wir uns ein bisschen genauer ansehen, wie das Farbsehen im menschlichen Auge funktioniert.

ROT, GRÜN, BLAU: WARUM WIR FARBEN SEHEN, WIE WIR SIE SEHEN

Auf unserer Netzhaut sitzen unterschiedliche Sorten von Lichtsinneszellen. Die sogenannten „Stäbchen" reagieren extrem empfindlich auf Helligkeit. Schon ein einziges Photon kann genügen, um sie zu aktivieren und ein Nervensignal auszulösen.

Diese hochempfindlichen Stäbchen können aber keine Farben unterscheiden. Sie reagieren auf unterschiedliche Wellenlängen ungefähr gleich. Um Farben zu sehen, brauchen wir die sogenannten „Zapfen". Die meisten Menschen haben drei verschiedene Sorten davon. Manchmal heißt es, wir hätten jeweils eine Zapfensorte für rotes, grünes und blaues Licht. Das ist nicht ganz falsch, aber auch nicht ganz richtig.

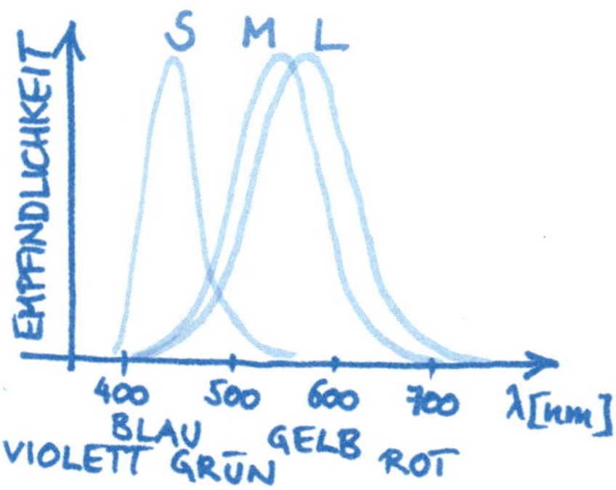

Empfindlichkeit der Zapfen

Die Zapfen reagieren nicht jeweils nur auf eine ganz bestimmte Farbe. Sie reagieren auf viele verschiedene Farben – nur eben in unterschiedlichem Ausmaß. Die L-Zapfen registrieren Licht mit eher großer Wellenlänge, also im roten Bereich des Farbspektrums. Aber ihre höchste Aktivität haben sie eigentlich bei Gelb, und auch auf grünes Licht reagieren sie immer noch recht stark.

Die M-Zapfen sind für mittlere Wellenlängen da. Sie reagieren am stärksten auf die Farbe Grün, aber auch oranges Licht auf der einen Seite und blaugrünes bis blaues Licht auf der anderen Seite kann diese M-Zapfen aktivieren.

Dann gibt es noch die S-Zapfen, die kurzwelliges Licht wahrnehmen. Sie reagieren auf Violett und Blau, in geringerem Ausmaß auf Blaugrün, aber gelbes oder rotes Licht ignorieren sie völlig. Eigentlich können die S-Zapfen auch ultraviolettes Licht wahrnehmen. Das spielt normalerweise aber keine Rolle, weil unsere Augenlinse diese Wellenlängen herausfiltert. Sie kommen auf der Netzhaut gar nicht an, deswegen sehen wir kein Ultraviolett.

Egal, welche Wellenlänge das Licht hat, das auf unsere Netzhaut fällt, es aktiviert fast immer unterschiedliche Zapfentypen gleichzeitig – nur eben in unterschiedlichem Ausmaß. M- und L-Zapfen sind ungefähr gleich aktiv, aber die S-Zapfen fast gar nicht? Das sieht nach gelber Farbe aus! Die S-Zapfen feuern heftige Signale ins Gehirn, aber die M-Zapfen nur wenig, und die L-Zapfen noch weniger? Dann haben wir es wohl mit blauem Licht zu tun!

Damit ist auch klar, warum gemischte Farben bei uns keinen grundlegend anderen Eindruck hinterlassen als reine Spektralfarben: Egal, ob sich ein Lichtstrahl aus vielen verschiedenen Wellenlängen zusammensetzt oder nur aus einer – unser Auge reagiert in beiden Fällen mit einer Mischung aus drei unterschiedlichen Zäpfchenaktivitäten. Ob reine oder gemischte Farbe – das Gehirn bekommt immer ein Mischsignal.

Jetzt stoßen wir allerdings auf ein Problem: Wenn man eigentlich unendlich viele Messwerte braucht, um eine Farbe zu definieren, unser Gehirn aber nur drei Messwerte bekommt, um eine Farbe zu beurteilen, was bedeutet das dann?

Das heißt, dass Information verloren geht. Nicht für jede physikalisch mögliche Farbe kann die Netzhaut ein eigenes spezielles Nervensignal produzieren. Es kann Wellenlängengemische geben, die sich physikalisch gesehen deutlich voneinander unterscheiden, für unsere menschlichen Augen aber völlig gleich aussehen.

Genau das passiert, wenn wir auf einen Bildschirm schauen und dort zum Beispiel eine leuchtend gelbe Sonnenblume sehen. Das Bild der Sonnenblume und die Sonnenblume selbst – beides hat für uns die gleiche Farbe. Die Zapfen in unserer Netzhaut werden auf dieselbe Weise angeregt, unser Gehirn bekommt in beiden Fällen dieselbe Information. Aber physikalisch sind es völlig unterschiedliche Farben. Unser Bildschirm kann nämlich kein Gelb darstellen – dazu ist er technisch nicht in der Lage. Er kann nur drei verschiedene Farben erzeugen: Rot, Grün und Blau, und das in unterschiedlicher Zusammensetzung. Aber mit diesen drei Farben kann man auf der menschlichen Netzhaut jeden beliebigen Farbeindruck simulieren.

Der Bildschirm erzeugt eine rote Wellenlänge und eine grüne Wellenlänge – damit werden die M- und L-Zapfen stimuliert. Das ist genau der Effekt, den auch gelbes Licht auslösen würde – und damit sieht die Rot-Grün-Mischung des Bildschirms für uns gelb aus. Es handelt sich physikalisch gesehen um zwei völlig unterschiedliche Lichtwellenmischungen, aber für uns Menschen sind sie ununterscheidbar.

DER UNSICHTBARE TIGER

Andere Lebewesen erleben Farben ganz anders als wir. Bienen zum Beispiel nehmen – ähnlich wie Ameisen – auch Wellenlängen im Ultraviolettbereich wahr. Für sie sehen Sonnenblumen und Computerbildschirmbilder von Sonnenblumen völlig unterschiedlich aus. Viele Blüten haben Farbmuster, die man nur dann sehen kann, wenn man Ultraviolett-Wellenlängen wahrnimmt. Solche Blüten präsentieren den Bienen also eine Buntheit, die mit menschlichen Augen nicht fassbar ist.

Trotzdem sollten wir als Menschen nicht undankbar sein – unser Farbsehen ist gar nicht schlecht. Wale beispielsweise haben nur eine Sorte von Zapfen, sie können daher überhaupt keine Farben unterscheiden. Auch Robben sehen die Welt nur in Schwarz-Weiß – sie sind sogenannte Monochromaten.

Viele Säugetierspezies sind Dichromaten – sie haben zwei verschiedene Zäpfchentypen: Einen für den kurzwelligen blauen Bereich und einen für den mittelwelligen grünen Bereich. Rotes Licht können diese Tiere nur schlecht wahrnehmen.

Das ist der Grund, warum der Tiger ein erfolgreicher Räuber ist. Für menschliche Augen ist er mit seinem orangeroten Fell vor grünem Hintergrund recht gut zu sehen. Warum hat die Evolution ihm nicht ein unauffälligeres Aussehen verpasst? Weil die meisten seiner Beutetiere nur zwei Zäpfchentypen haben. Für Hirsche, Wildschweine, Kaninchen und viele andere Tiere hat ein Tiger ziemlich genau dieselbe Farbe wie das grüne Gebüsch, hinter dem er ihnen auflauert. Er ist also eigentlich hervorragend getarnt – auch wenn uns Menschen das nicht so vorkommt.

Unsere engsten Verwandten, etwa Schimpansen oder Gorillas, sind Trichromaten, wie wir. Und dann gibt es auch noch Spezies, die uns im Farbsehen übertreffen: Viele Vögel sind Tetrachromaten, sie haben vier verschiedene Zapfentypen, etwa einen zusätzlichen Zapfen für ultraviolettes Licht.

Dieser zusätzliche Farbrezeptor liefert nicht einfach nur eine zusätzliche Farbe, die nun auch noch wahrgenommen werden kann, er vervielfältigt die Zahl an möglichen Farberlebnissen. Jede Farbe, die man mit drei Zapfentypen sehen kann, gibt es für ein Tier mit vier Zapfentypen in einer ganzen Reihe unterschiedlicher Varianten – ohne Ultraviolett, mit ein bisschen Ultraviolett, mit viel Ultraviolett. Auf diese Weise können für einen Vogel Farben, die für uns identisch aussehen, genauso unterschiedlich erscheinen wie für uns das orangerote Tigerfell und das grüne Gebüsch neben ihm.

Auf den ersten Blick erscheint es vielleicht verwirrend, dass ein Bildschirm aus Rot und Grün die Farbe Gelb erzeugt. Wenn wir Malfarben mischen, funktioniert das nämlich nicht. Ein Pinsel, den wir erst in rote, dann in grüne Farbe tauchen, wird nicht gelb malen. Wir können höchstens Grün mischen, aus Blau und Gelb.

Das liegt daran, dass wir es hier mit zwei verschiedenen Arten von Farbmischung zu tun haben. Der Bildschirm leuchtet von selbst. Er sendet rotes, grünes und blaues Licht aus, diese Farben addieren sich in unserem Auge. Das nennt man „additive Farbmischung". Die Farbe, die wir mit Pinseln auf eine Leinwand auftragen, funktioniert aber ganz anders. Sie leuchtet nicht selbst, sie kann nur Licht reflektieren. Gelbe Malfarbe ist deswegen gelb, weil sie nichtgelbe Anteile des Sonnenlichts absorbiert – sowohl die langwelligen roten als auch die kurzwelligen blauen. Die gelben Anteile des Lichts – und in geringerem Maß auch ein paar grüne oder orange mit ähnlichen Wellenlängen – werden reflektiert. Dieses reflektierte Lichtgemisch gelangt an unser Auge, für uns sieht das dann gelb aus.

Blaue Farbe absorbiert das langwellige Licht sehr gut – also Rot, Orange und Gelb. Blaues Licht hingegen wird reflektiert, und in geringerem Maß auch Grün – die Nachbarfarbe von Blau. Wenn blaue und gelbe Farbe gemixt werden, dann entsteht ein Farbfleck, der alle Wellenlängen absorbieren kann, die von den beiden Ausgangsfarben geschluckt werden konnten – also Blau auf der einen Seite, Gelb und Rot auf der anderen Seite. Die einzige Farbe, die in nennenswertem Ausmaß noch reflektiert werden kann, ist Grün – und genau diese Farbe sehen wir nun. Hier entsteht eine Farbmischung, weil jede einzelne Komponente etwas absorbiert, etwas wegnimmt – und wir sehen das, was danach noch übrig bleibt. Das nennt man „subtraktive Farbmischung".

Genau dieser Unterschied zwischen additiver und subtraktiver Farbmischung bewirkt, dass Licht weiß aussieht, wenn man alle möglichen Lichtfarben miteinander überlagert, dass Malfarbe aber schwarz erscheint, wenn man alle möglichen Malfarben zusammenmischt.

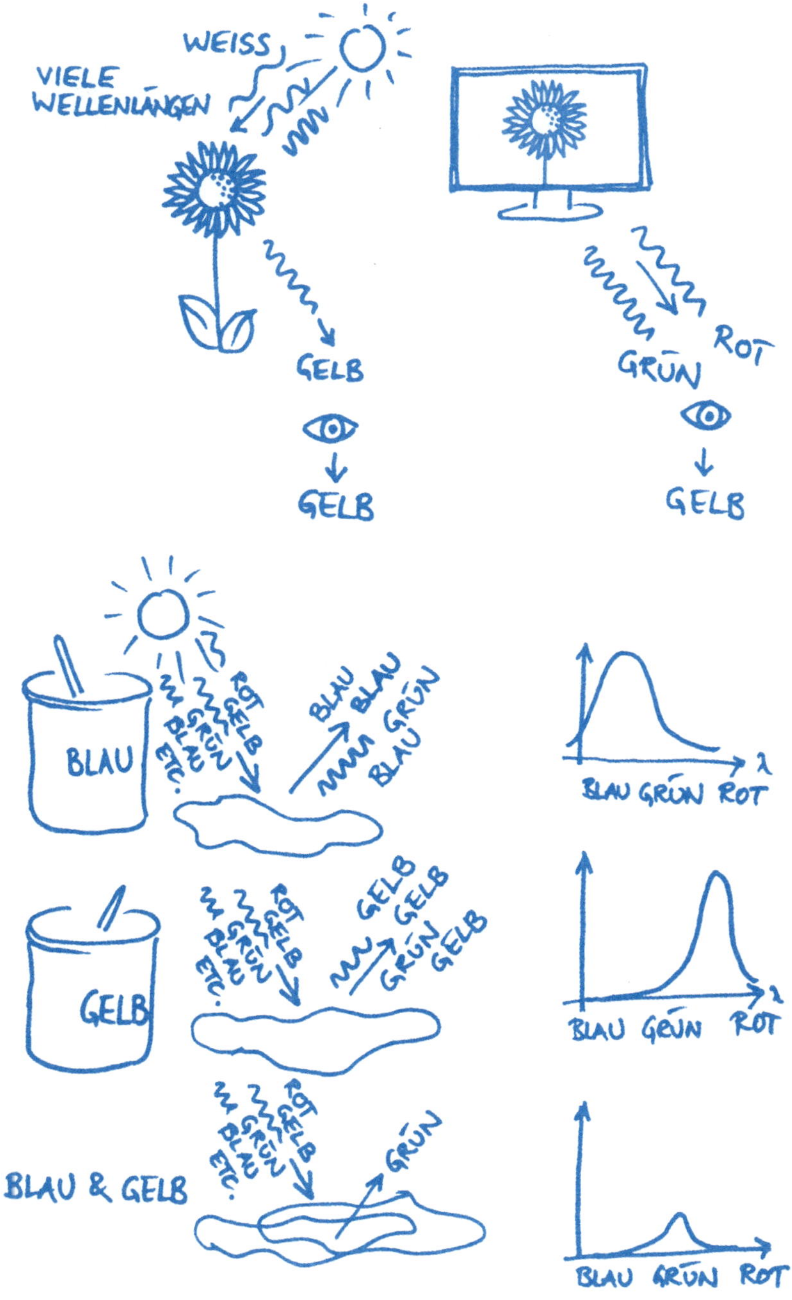
WEISS
VIELE WELLENLÄNGEN
GELB
GELB
ROT
GRÜN
GELB
BLAU
ROT
GELB
GRÜN
BLAU
ETC.
BLAU
BLAU
GRÜN
BLAU
BLAU GRÜN ROT λ
GELB
ROT
GELB
GRÜN
BLAU
ETC.
GELB
GELB
GRÜN
GELB
BLAU GRÜN ROT λ
BLAU & GELB
ROT
GELB
GRÜN
BLAU
ETC.
GRÜN
BLAU GRÜN ROT

CLAUDE MONETS UNSICHTBARE FARBE

In ganz seltenen Fällen können auch Menschen ultraviolettes Licht wahrnehmen. Einer dieser besonderen Ultraviolett-Seher dürfte der französische Maler Claude Monet gewesen sein. Monet war einer der Begründer des Impressionismus. In dieser Stilrichtung geht es nicht darum, die Welt mit möglichst großer Detailtreue zu dokumentieren. Stattdessen soll die sinnliche Empfindung eines Augenblicks festgehalten werden. Der Eindruck einer ganz bestimmten Lichtstimmung, die schon kurz darauf wieder ganz anders aussehen mag, sollte auf die Leinwand gebracht werden. Deshalb arbeitete Monet oft im Freien – und oft sehr schnell. In der zweiten Hälfte des 19. Jahrhunderts wurde er zum gefeierten Künstler, er galt als Meister von Licht und Farbe.

Doch ungefähr um das Jahr 1912 veränderte sich Monets Farbwahrnehmung: Klare, reine Farben erschienen ihm schmutzig, verwaschen und trüb. Motive, die er vorher in realistischen Farben gemalt hatte, waren auf seiner Leinwand nun merkwürdig orange-braun. Monet erinnerte sich an die Farben, die er früher gesehen hatte – aber sie waren nicht mehr da. In tobendem Zorn zerschnitt er manche seiner Bilder.

Grund dafür war eine Erkrankung der Augenlinsen – ein Katarakt, auch „Grauer Star“ genannt. Heute lässt sich das beheben, indem man die getrübte Augenlinse durch eine künstliche Linse ersetzt. Das war damals noch nicht möglich, man konnte nur die Linse entfernen und dann mithilfe einer starken Brille für den nötigen Fokus sorgen.

Monet scheute diesen Eingriff, ließ sich dann aber doch überreden. Man entschied sich, nur das rechte Auge zu operieren. Die Auswirkungen dieser Operation waren bemerkenswert: Es dauerte zwar eine Weile, bis Monet sich erholt und an die Brille gewöhnt hatte, doch dann konnte er Farben wieder mit voller Klarheit wahrnehmen. In seinem Garten malte er dasselbe Motiv – einmal mit dem linken und einmal mit dem rechten Auge betrachtet. Das erste Bild zeigt erdige Gelb- und Orangetöne, das zweite ein fast mystisches Spiel aus Blau und Violett.

Dabei dürfte ein Effekt eine Rolle gespielt haben, den man damals gar nicht bedachte: Wenn die Linse ultraviolettes Licht absorbiert und dadurch bewirkt, dass wir kein Ultraviolett sehen können, dann muss eine Entfernung der Linse dazu führen, dass ultraviolettes Licht wahrnehmbar wird. Im Gegensatz zur Netzhaut der allermeisten anderen Menschen kam Claude Monets Netzhaut also in Kontakt mit ultraviolettem Licht, es wurde dort wohl als tiefer Violettton wahrgenommen.

Als Monet sein Spätwerk vollendete – darunter die berühmten Seerosen im Garten von Giverny – sah er die Welt auf eine Weise, wie sie vielleicht kein anderer Künstler vor oder nach ihm je gesehen hat. Sein rechtes Auge war zum Ultraviolettdetektor geworden. Vielleicht spielen Violett- und Blautöne deshalb auf diesen Bildern so eine wichtige Rolle.

War das nun ein verfälschter Blick auf die Welt? Oder sah Monet die Welt erstmals unverfälscht, ohne störende UV-absorbierende Augenlinse? Was war der „wahre" Anblick des Gartens – der Blick durchs rechte oder durchs linke Auge? Auf diese Fragen gibt es keine Antwort.

Man könnte den Original-Garten und Monets Bilder physikalisch präzise analysieren. Man könnte Punkt für Punkt vergleichen, welche Licht-Wellenlängen im Garten zu sehen sind und welche Wellenlängen von den beiden Bildern reflektiert werden. Dann würde man feststellen: Beide Bilder unterscheiden sich dramatisch von der Wirklichkeit. Sie sind keine exakte Wiedergabe der Original-Wellenlängen.

Aber das sollten sie auch nicht sein. Sie waren nie als physikalisches Messergebnis gemeint, sondern als Darstellung einer persönlichen Impression. Die Bilder sind nicht die Wirklichkeit, aber sie sind eine Abbildung der Wirklichkeit. Keines von ihnen ist „richtig“ oder „falsch“. Sie sollen nicht die physikalische Realität darstellen, sondern Empfindungen in Claude Monets Kopf.

OLO – DIE FARBE, DIE ES GAR NICHT GIBT

Eines der wohl spannendsten Farbexperimente jemals gelang im Jahr 2025 einem Forschungsteam der Universität Berkeley in den USA: Man ließ Menschen eine Farbe sehen, die es in Wirklichkeit gar nicht gibt.

Die Netzhaut von Versuchspersonen wurde mit Laserstrahlen abgetastet. Dadurch konnte man herausfinden, an welcher Stelle welcher Zapfentyp sitzt. So wurde für jede Versuchsperson eine individuelle Landkarte der Netzhaut erstellt, auf der exakt verzeichnet ist, welcher Punkt auf welche Wellenlängen reagiert.

Damit lässt sich nun auf der Netzhaut künstlich ein Eindruck erzeugen, der auf natürlichem Weg niemals entstehen kann: Man leuchtet mit einem Laserstrahl ganz gezielt die M-Zapfen an, die anderen Zapfentypen aber nicht.

Die M-Zapfen sind auf Wellenlängen im mittleren Bereich spezialisiert, sie reagieren stark auf die Farbe Grün. Aber unter natürlichen Bedingungen können sie niemals allein aktiv sein. Egal, mit welcher Wellenlänge die M-Zapfen angeregt werden – immer aktiviert man auch andere Zapfentypen ein bisschen mit – entweder die S-Zapfen oder die L-Zapfen.

Mit dem Laserstrahl kann man das aber umgehen. Wenn man nun punktgenau nur die M-Zapfen anregt, dann schickt die Netzhaut ein Signal ans Gehirn, das durch keine natürliche Farbe erzeugt werden kann und das noch keine menschliche Netzhaut in der Geschichte unserer Spezies jemals an ein menschliches Gehirn geschickt hat.

Das Forschungsteam nannte diese Farbe „Olo“. Die Testpersonen beschrieben den neuartigen Farbeindruck als Blaugrün mit einer bisher noch nie wahrgenommenen Intensität. Die Farbe fühlte sich für die Testpersonen tatsächlich anders an als alle Farben, die in der Natur vorkommen.

Ist „Olo“ nun real oder nicht? Im Kopf der Versuchspersonen war die Farbe genauso real wie jede andere Farbe. Sie wird durch ein Nervensignal repräsentiert, das objektiv existiert, genauso wie das Nervensignal, das von der Farbe „Dunkelgrün“ oder „Blassrosa“ hervorgerufen wird. Aber in der Physik der Farben kommt „Olo“ nicht vor. Egal, wie man die Farben des Regenbogens zusammenmischt, man wird niemals einen olofarbenen Lichtstrahl erzeugen können.

FARBENBLINDHEIT UND SUPER-FARBSEHEN

Manche Leute haben es beim Unterscheiden von Farben schwerer als andere. Menschen mit Rot-Grün-Sehschwäche zum Beispiel fehlt ein Zapfentyp auf der Netzhaut. Die Baupläne für diese Zapfentypen sind auf dem X-Chromosom gespeichert. Frauen haben normalerweise zwei davon, Männer normalerweise nur eines, und zusätzlich ein Y-Chromosom.

Wenn nun der Bauplan für einen Zapfentyp beschädigt ist, spielt das für XX-Frauen meist keine große Rolle. Schließlich haben sie noch ein zweites X-Chromosom, und wenn dort ein korrekter Zäpfchenbauplan abgespeichert ist, kann ihre Netzhaut trotzdem die richtigen Rezeptoren produzieren. Bei XY-Männern ist das anders: Wenn auf ihrem X-Chromosom der Bauplan für einen Farbrezeptor fehlt, kann das nicht ausgeglichen werden, denn das Y-Chromosom enthält diese Information nicht. Deswegen ist

Rot-Grün-Sehschwäche bei Männern viel häufiger als bei Frauen.

Bei Frauen kann allerdings etwas anderes passieren: Sie können auf einem ihrer X-Chromosomen ein mutiertes Gen haben, das einen etwas anderen Farbrezeptor erzeugt. Solche Frauen haben somit einen Zäpfchentyp mehr als andere Menschen – insgesamt also vier. Sie sind in gewissem Sinn Tetrachromaten, wie auch viele Vögel.

Aber was bedeutet das? Können solche Menschen eine wundersame Vielfalt unterschiedlicher Farbtöne wahrnehmen? Leben sie in einer ganz anderen Farbwahrnehmungswelt als andere Leute? Erstaunlicherweise nicht. In Experimenten zeigte sich: Einzelne Versuchspersonen mit vier Zapfen konnten tatsächlich feinere Farbabstufungen unterscheiden als gewöhnliche Trichromaten – doch die Unterschiede waren gering und unspektakulär. Die meisten Leute mit vier verschiedenen Zapfentypen scheinen sich in ihrer Farbwahrnehmung von gewöhnlichen Drei-Zapfen-Sehern nicht nennenswert zu unterscheiden. Es scheint im Alltag keinen spürbaren Unterschied zu machen, ob man drei oder vier verschiedene Zapfentypen hat.

Dafür gibt es mehrere mögliche Erklärungen: Vielleicht sind die Unterschiede zwischen den verschiedenen Zapfen-Typen zu klein, um bemerkbar zu sein? Vielleicht schickt die Netzhaut dieser Vier-Zapfen-Menschen tatsächlich mehr Farbinformation ins Gehirn als die Netzhaut anderer Leute, aber das Gehirn kann damit nichts anfangen? Möglicherweise ist das menschliche Gehirn einfach für maximal drei verschiedene Farbkanäle ausgelegt und kann Daten aus einem vierten Zapfentyp einfach nicht korrekt verarbeiten?

Das klingt alles realistisch – aber zusätzlich könnte noch ein weiterer Effekt eine wichtige Rolle spielen: Unsere Farbwahrnehmung wird auch durch unsere Kultur geprägt, durch Erfahrung und Austausch mit anderen. Für potenziell neuartige Farben, die man mit einem vierten Zapfen sehen könnte, fehlen uns einfach die Begriffe. Tetrachromaten wachsen in einer Welt von Trichromaten auf. Unsere Bildschirme sind für Trichromaten gebaut. Die Farbpaletten unserer Modeindustrie sind für Trichromaten geschaffen. Kann es sein, dass Menschen mit vier Zapfentypen dadurch einfach keine Chance haben, ihre potenzielle Zusatzfähigkeit zu trainieren und auszuleben?

Das führt uns zu einer wichtigen Frage: Sind Farben, wie wir Menschen sie wahrnehmen, eine objektive Tatsache? Oder sind sie eher ein kulturelles Konstrukt?

WELCHE FARBE HAT DER HIMMEL NUN WIRKLICH?

Um herauszufinden, inwieweit Kultur, Lernen und Erfahrung über unser Farbempfinden bestimmen, kann man analysieren, ob unterschiedliche Völker mit unterschiedlichen Sprachen unterschiedliche Farbbezeichnungen verwenden. Der Anthropologe Brent Berlin und der Linguist Paul Kay untersuchten das in den 1960er-Jahren – mit erstaunlichen Ergebnissen: Sie stellten fest, dass unterschiedliche Sprachen unterschiedlich viele Wörter für Farben haben. Aber es scheint eine feste Hierarchie von Farbwörtern zu geben, eine Art natürliche Reihenfolge, in der Farbbegriffe entstehen.

Alle Sprachen haben Wörter für Schwarz und Weiß – oder allgemeiner gesagt für „hell" und „dunkel". Das nächste Farbwort, das dazukommt, ist Rot. Wenn eine Sprache nur drei Farbwörter hat, dann sind es immer „schwarz", „weiß" und „rot". Farben Nummer vier und fünf sind Grün und Gelb (nicht immer in derselben Reihenfolge), dann erst kommt Blau. Es gibt Sprachen, die zwischen Grün und Blau nicht unterscheiden, aber es gibt keine Sprache, die ein Wort für Blau hat, ohne auch Wörter für Rot, Grün und Gelb zu haben. Erst wenn es all diese Farbwörter gibt, kommen möglicherweise noch weitere dazu – wie „braun“, „violett“ oder „orange“.

Ein Blick auf alte Schriften beweist, dass sich die Farbwörter in den vergangenen Jahrtausenden deutlich verändert haben. Dass Homers Texte kein Wort für „Blau“ enthalten, ist kein Einzelfall. Auch in der hebräischen Bibel, in alten Texten aus China und Indien gibt es dafür kein Wort. Der Linguist Guy Deutscher vermutete: Ein solches Wort war damals einfach noch nicht nötig. Blau ist in der Natur recht selten, beim Färben von Stoffen oder ähnlichen handwerklichen Tätigkeiten spielte es damals keine Rolle, weil blaue Farbe schwer herzustellen ist. Warum hätte man dann also für diesen Wellenlängenbereich ein eigenes Wort einführen sollen?

Moment, könnte man jetzt sagen. Hier wird doch ganz eindeutig ein Blau übersehen, mit dem wir alle seit frühester Kindheit vertraut sind! Was, bitte sehr, ist mit dem Himmel! Da haben wir doch das offensichtlichste Blau von allen, direkt über uns!

Aber ist das wirklich so offensichtlich? Ist es wirklich so klar, dass der Himmel blau ist? Natürlich kann man – wie wir bereits wissen – physikalisch korrekt sagen: Bei Schönwetter erreichen uns Wellenlängen des blauen Spektralbereichs aus jenen Richtungen, in denen außer Himmel nichts zu sehen ist. Aber bedeutet das wirklich, dass man den Himmel deswegen als blau empfinden muss? Könnte man das nicht genauso gut als „Scheinfarbe“ betrachten, so wie die Sonne im Abendrot scheinbar orange wird, obwohl jeder weiß, dass sie „in Wirklichkeit“ noch genauso weiß ist wie sonst auch? Ist es nicht viel natürlicher zu sagen, der Himmel ist weiß oder grau? Schließlich nehmen wir ihn sehr oft so wahr, nur bei besonders sonnigem, wolkenlosem Wetter erscheint er bläulich.

Guy Deutscher führte dazu ein Experiment durch: Seine Frau und er vermieden ganz bewusst, mit ihrer Tochter Alma über die Farbe des Himmels zu sprechen. Die Tochter lernte Farbwörter wie jedes andere Kind, aber über die Farbe des Himmels sprach man mit ihr nie.

Eines Tages zeigte Deutscher an einem sonnigen Tag zum strahlend blauen Himmel und fragte seine Tochter: „Welche Farbe ist das?“ Sie war verwirrt. Was sollte das heißen? Da war doch nichts! Dass der Himmel selbst ein Objekt ist, über dessen Farbe man reden kann, war für sie absolut nicht selbstverständlich. Deutscher wiederholte das Experiment – irgendwann befand seine Tochter, der Himmel sei weiß, wie ein unbeschriebenes Blatt Papier. Und eines Tages schließlich – möglicherweise beeinflusst von einer Umwelt, in der das Himmelblau eine allgemein akzeptierte Tatsache ist – wechselte sie ihre Meinung und gab die Antwort: „Blau.“

Das ist kein streng wissenschaftliches Experiment – aus einem einzigen Kind kann man keine zuverlässigen Schlüsse ziehen. Aber es zeigt uns, dass wir vieles für unzweifelhafte Gewissheit halten, obwohl es in Wirklichkeit bloß Ansichtssache ist.

BURU IST NICHT BLAU!

Ausführlich untersucht hat man, wie verschiedene Völker verschiedene Farben bezeichnen. Dabei stieß man auf bemerkenswerte kulturelle Unterschiede. Viele Sprachen unterscheiden nicht zwischen Grün und Blau. So verwenden etwa die Himba in Namibia das Wort „buru“ sowohl für Farbtöne, die deutschsprachige Menschen eindeutig als grün bezeichnen würden, als auch für Farbtöne, die klar in die Kategorie „blau“ fallen.

Aber „buru“ ist nicht bloß die Kombination der Farbkategorien Grün und Blau – die Sache ist komplizierter. Ein frisches, helles Grün ist nicht „buru“, sondern „dambu“ – eine Kategorie, in die auch Farbtöne fallen, die wir „gelb“ oder „braun“ nennen würden. Ein dunkles Grün wiederum ist „zuzu“. Es gibt also eine Grenze zwischen „buru“ und „zuzu“, obwohl im Deutschen beides „grün“ heißen würde, genauso wie es eine Grenze zwischen Grün und Blau gibt, obwohl bei den Himba beides als „buru“ bezeichnet würde.

Das zeigt uns, dass Farbsehen sowohl angeborene als auch erlernte Komponenten haben dürfte. Manches lässt sich biologisch erklären und wird wohl einfach durch die Zapfentypen auf unserer Netzhaut festgelegt – etwa die besondere Bedeutung der Farbe Rot. Aber was eine Farbe eigentlich ist und wie viele Farben es gibt – das ist kulturell konstruiert. Menschen mit physiologisch völlig identischen Sinnesapparaten können darüber sehr unterschiedlicher Meinung sein.

Für die meisten Menschen, die heute leben, ist es ganz selbstverständlich, Farben mit bestimmten Wellenlängen in Verbindung zu bringen. Wir kennen Hellrot und Dunkelrot, Knallrot und pastelliges Rosarot. Das sind völlig verschiedene Farben, aber für uns gehören sie alle zur roten Farbfamilie – sie werden alle von Lichtanteilen mit großer Wellenlänge dominiert. Bei den Himba allerdings ist nicht unbedingt die Wellenlänge entscheidend. Sie würden eine Reihe heller Farbtöne mit ganz unterschiedlichen Wellenlängen als „vapa“ bezeichnen. „Zuzu“ wiederum kann unterschiedliche dunkle Farbtöne bezeichnen.

Aber auch europäische Sprachen sind nicht konsequent darin, Farbwörter immer mit Wellenlängen zu verknüpfen. Violett, Blau und Grün gibt es in allen Helligkeits- und Dunkelheitsgraden. Aber wie ist das bei Gelb und Orange? Verwirrenderweise gibt es diese Farben nur in hell. Dunkelgelb und Dunkelorange nennen wir nämlich Braun. Braun ist keine Mischfarbe, sondern einfach das Wort, das wir für Gelb oder

Orange verwenden, wenn es eher dunkler ist als seine Umgebung. Daher gibt es kein braunes Licht: Mit buntem Glas kann man für Beleuchtung in beliebigen Wellenlängenkombinationen sorgen, aber niemals wird man eine Lampe braun leuchten sehen. Sobald diese Farbe leuchtet, nennen wir sie nämlich nicht mehr Braun, sondern Gelb oder Orange.

Im Russischen gibt es zwei Wörter für blau – „sinij" (синий) und „goluboj" (голубой). Manchmal wird das mit dunkelblau und hellblau übersetzt – aber ganz so einfach ist das nicht. „Goluboj" ist die Farbe des Himmels, es ist ein fröhliches, leuchtendes Blau, auch Türkistöne fallen in diese Kategorie. „Sinij" hingegen kann Nachtblau sein oder Kobaltblau. Es ist normalerweise dunkler, das muss aber nicht unbedingt so sein. „Sinij" kann auch leuchtend hell sein: Das Blaulicht der Polizei ist „sinij", nicht „goluboj". Die Grenze zwischen den beiden Farben ergibt sich hier also aus einer Kombination aus Helligkeit und Wellenlänge.

Wir alle haben also Farbkategorien im Kopf, die kulturell und sprachlich geprägt sind. Zahlreiche Experimente zeigen, dass diese Prägungen eine messbare Auswirkung auf unser Farbempfinden haben: Es fällt uns leichter, Farben zu unterscheiden, wenn wir unterschiedliche Wörter dafür verwenden. Russischsprachige Menschen können Farbtöne schneller unterscheiden, die für sie „goluboj" und „sinij" sind. Wer beides im eigenen Kopf einfach „blau" nennt, hat dabei mehr Mühe. Himba erinnern sich präziser an Farbtöne, die für sie zu den unterschiedlichen Farbkategorien „buru" und „zuzu" gehören als eine Testperson, die beides als „grün" bezeichnen würde.

Wir wachsen in einer kunterbunten Welt auf, in der wir täglich mit knalligen Farben unterschiedlicher Wellenlängen konfrontiert sind. Unsere Kinderbücher werden im Vierfarbdruck hergestellt. Bei Brettspielen sind die Spielfiguren nicht moosgrün, wiesengrün und olivgrün, sondern normalerweise eher rot, gelb, grün und blau. Wir lernen also von Anfang an: Das Merkmal, worin sich diese Farben unterscheiden – nämlich ihre Position im Regenbogenspektrum, die Wellenlänge, die sie bevorzugt reflektieren – ist bedeutsam. Farben beurteilt man in erster Linie nach diesem Kriterium.

Aber was ist, wenn man in einer Welt aufwächst, in der andere visuelle Eindrücke als wichtiger gelten? Man kann das Aussehen von Objekten auch ganz anders kategorisieren. Manche Dinge glitzern – sie reflektieren Licht auf wechselnde Weise. Das kann auf Wasser zutreffen, aber auch auf Goldmünzen. Ist „glitzernd" nicht ein genauso nützlicher Begriff für die Beschreibung optischer Eindrücke wie gelb oder violett?

Auf diese Weise lässt sich nun verstehen, warum in alten Kulturen Farbbegriffe verwendet wurden, die uns heute seltsam vorkommen. Homer sah die Welt nicht anders als wir. Seine Augen sandten beim Anblick bestimmter Farben höchstwahrscheinlich genau dieselben Signale ans Gehirn. Aber Farben – oder allgemeiner: Begriffe zum Beschreiben visueller Eigenschaften – hatten für ihn aus kulturellen Gründen eine ganz andere Bedeutung.

Wenn er das Meer als „weinfarben" beschrieb, wollte er damit nicht sagen, dass dieses Meer einen ähnlichen Wellenlängenbereich reflektiert wie der Wein. Er beschrieb eine dunkle, undurchsichtige Flüssigkeit – und so ergibt dieser Begriff Sinn.

MEIN ROT, DEIN ROT

Damit können wir nun auch die Frage beantworten: „Sehen zwei Menschen dasselbe, wenn sie die Farbe Rot sehen? Kann es sein, dass mein Rot dein Grün ist?"

Unsere Augen sehen schon dasselbe – aber unsere Gehirne nicht. Unserem Gehirn wird Information darüber geliefert, welches Licht auf die Netzhaut fällt. Diese Information ist vermutlich bei unterschiedlichen Menschen ziemlich gleich. Aber was das Gehirn dann damit anfängt, ist eine komplizierte Angelegenheit, in der auch Erfahrung, Training und Kultur ganz wesentliche Rollen spielen.

Dass „mein Rot" in Wirklichkeit das „Grün" meiner Tante ist, dass also eine Person bei einer bestimmten Farbe einen Eindruck erlebt, der dem Eindruck einer anderen Person beim Anblick einer anderen Farbe entspricht – das kann man wohl ausschließen. Denn unsere Gehirne lassen sich nicht direkt aufeinander abbilden. Die Signale unserer Gehirnzellen lassen sich nicht direkt vergleichen.

Wir alle haben unsere ganz persönliche Nervenzellenlandkarte, so wie jedes Land sein eigenes Straßennetz hat. Wenn ich weiß, wie man von Paris nach Rennes fährt, sagt mir das nichts darüber, wie ich von Berlin nach Bielefeld komme. Die Frage „Ist mein Rot vielleicht dein Grün?" vergleicht Dinge, die nicht vergleichbar sind. Sie ist genauso sinnlos wie die Frage: „Welche Farbe hätte die Zahl Drei, wenn die Zahl Vier gelb wäre?"

Ganz sicher ist aber, dass verschiedene Menschen mit verschiedenen Farben verschiedene Assoziationen verknüpfen. In meinem Kopf passiert also garantiert etwas anderes als im Kopf meiner Tante, wenn wir beide etwas Rotes sehen. Das heißt: Wir erleben denselben Anblick auf unterschiedliche Weise.

Was eine Farbe überhaupt ist, lässt sich nicht rein physikalisch definieren. Die Aussage „Farbe ist einfach die Wellenlänge des von einem Objekt reflektierten Lichts" ist nicht ganz falsch, aber eben auch nicht wirklich richtig – zumindest ist sie unvollständig. Farbe ist ein Merkmal, mit dem Menschen verschiedene Arten von Lichtwahrnehmungen auf Basis kulturell geteilter Erfahrungen so beschreiben können, dass andere Menschen wissen, was gemeint ist. Das hat mit Physik zu tun, geht über Physik aber weit hinaus.

Wir nehmen eine Welt wahr, die verschiedene, klar definierbare physikalische Eigenschaften hat. Aber die Kategorien, mit denen wir in unserem Kopf diese Eigenschaften ordnen, benennen und beurteilen, sind kein Teil der objektiven Welt – sie sind von Menschen erfunden. Nicht mit dem Zweck, einer „wirklichen Wirklichkeit" auf die Spur zu kommen, sondern mit dem Zweck, ganz alltägliche, praktische Probleme zu lösen. Wir brauchen Farbbegriffe, um darüber zu reden, welche Früchte auf dem Baum rot und süß und reif sind. Dafür brauchen wir keine wissenschaftlich präzisen optischen Spektrogramme, sondern Erfahrung.

Die entscheidenden Merkmale der Welt in unserem Kopf müssen da draußen in der physischen Welt gar nicht existieren. Man könnte sogar sagen: Farbe gibt es nicht. Zumindest nicht in einem streng physikalischen Sinn. Es gibt Energien, Photonen und Wellenlängen – aber Farbe ist eine Kategorie, die in unseren Köpfen zu Hause ist, nicht im Universum da draußen.

SEHEN IST ERLERNT – DIE INNSBRUCKER BRILLENVERSUCHE

Auch andere Aspekte des Sehens sind subjektiv, kulturell geprägt oder abhängig von Gewohnheit und Training. Perspektivisches Sehen zum Beispiel hat viel mit Erfahrung zu tun – es muss erlernt werden. Kleine Kinder bezeichnen weit entfernte Objekte oft als „kleiner". Sie lernen erst im Lauf der Jahre, aus der scheinbaren Größe eines Objekts je nach Distanz seine tatsächliche Größe einzuschätzen.

Die vielleicht schönsten Belege dafür, wie stark unser Sehen von Erfahrung und Training beeinflusst wird, stammen bereits aus den 1940er- und 1950er-Jahren. Damals führte der Psychologe Ivo Kohler eine Reihe von Experimenten durch, die als „Innsbrucker Brillenversuche" berühmt wurden.

Basierend auf Ideen seines Lehrers Theodor Erismann entwickelte Ivo Kohler mithilfe von Prismen, Spiegeln und anderen optischen Bauteilen eine Reihe von Brillen, die merkwürdig verzerrte Bilder der Wirklichkeit lieferten. Man konnte mit solchen Brillen gerade Linien gekrümmt erscheinen lassen, gerade Flächen sahen gewölbt oder gekippt aus. Besonders bekannt wurde die sogenannte „Umkehrbrille“, die alles auf den Kopf stellte.

Das Besondere an Kohlers Experimenten war, dass die Versuchspersonen den Auftrag bekamen, diese Brillen dauerhaft zu tragen – über Wochen oder sogar Monate. Auch er selbst zählte zu den Testpersonen. Und so spazierte er durch Innsbruck, mit einer seiner Spezialbrillen auf der Nase, und versuchte, den Alltag so gut wie möglich zu meistern.

Anfangs war das nicht einfach. Das Gehen fiel ihm schwer, er bekam Gleichgewichtsprobleme, sein Schritt war unsicher und wackelig. Den anderen Testpersonen ging es ähnlich. Immer wieder zeigte sich dasselbe Muster: In den ersten Tagen mit einer Umkehrbrille fühlt sich die Welt falsch an. Das, was man sieht, passt nicht zu dem, was man über die Welt gelernt hat. Der Himmel scheint unten zu sein und der Boden oben, man weiß aber, dass es umgekehrt sein muss.

Dieser Widerspruch führt zu Problemen. Man bewegt die Hand instinktiv in die falsche Richtung, wenn man einen Gegenstand anfassen will. Man hat größte Schwierigkeiten, einen Stift zu halten und damit einfache Formen zu zeichnen. Doch im Lauf der Zeit – nach ungefähr fünf Tagen – gewöhnt man sich an die neue Situation. Und wenn man sich an einen Widerspruch gewöhnt hat, dann löst sich der Widerspruch auf. Hat man einmal gelernt, die eigenen Bewegungen mit dem Bild der Umkehrbrille in Einklang zu bringen, gibt es keine Unvereinbarkeit mehr, die dem Bewusstsein gemeldet werden müsste – und das bedeutet: Das Bild ist nicht mehr verkehrt.

Zu sagen: „Die Brille spiegelt das Bild, aber das Gehirn dreht es dann wieder zurecht“, trifft die Sache eigentlich nicht ganz. Hilfreicher ist wohl die Sichtweise: Das Gehirn lernt, mit gespiegelten Bildern umzugehen. Irgendwann ist die Tatsache, dass die Bilder gespiegelt sind, so gewöhnlich und banal, dass sie nicht mehr ins Bewusstsein weitergeleitet wird. Und wenn wir uns der Spiegelung nicht mehr bewusst sind, dann ist sie nicht mehr da.

Unser Gehirn kann sich anpassen. Es ist ziemlich gut darin, nützliche von unnützer Information zu unterscheiden. Und genau das ist auch die Lösung des Rätsels, warum wir so ein klares, scharfes Bild der Welt sehen, obwohl unsere Netzhaut eigentlich ein ziemlich fehlerbehaftetes, unscharfes Datenrauschen produziert.

Die Schatten, die von Blutgefäßen auf unsere Netzhaut geworfen werden, spielen keine Rolle für das Bild, das wir uns im Kopf von unserer Welt machen. Der blinde Fleck in unserer Netzhaut ist bloß eine Datenlücke ohne Informationsgehalt. Die Fehler in unseren Augen sind immer gleich, daher sind sie uninteressant. Und was uninteressant ist, das dringt in unser Bewusstsein nicht vor. Es existiert in unserem Denken nicht.

Genau wie der blinde Fleck für uns nicht „wirklich da" ist, hörte auch die Spiegelung durch Ivo Kohlers Spezialbrille irgendwann auf, „wirklich da" zu sein. Nach einer gewissen Zeit konnten sich die Testpersonen der Innsbrucker Brillenversuche ganz mühelos in ihrer Umgebung zurechtfinden. Nichts fühlte sich mehr falsch an. „Die Eigentümlichkeiten des Sehens nach dem ersten Aufsetzen der Brille sind jetzt blaß geworden, sie wurden zunehmend ausgemerzt", schrieb Ivo Kohler am letzten Tag seines Experiments. „Die Welt ist trotz Brille und Prisma zu meiner alten geworden."

DER MYTHOS DES VERKEHRTEN SÄUGLINGSBLICKS

Ganz eng damit verwandt ist eine merkwürdige Behauptung, die bis heute Eltern kleiner Kinder immer wieder erzählt bekommen: Nach der Geburt, so heißt es oft, sehen Kinder alles auf dem Kopf stehend. Ihr Gehirn muss erst lernen, das Bild umzudrehen.

Wer diese Geschichte in die Welt gesetzt hat, lässt sich wohl nicht mehr ergründen. Der wissenschaftlich korrekte Hintergrund dieser Erzählung ist aber klar: Tatsächlich wird das Bild, das ins Auge gelangt, von der Augenlinse umgedreht und verkehrt herum auf die Netzhaut projiziert. Wenn Licht in unser Auge fällt, gelangt das Licht von weiter oben gelegenen Punkten – etwa von der Krone eines Apfelbaums – auf einen Bereich der Netzhaut, der eher weiter unten liegt. Umgekehrt wird der Baumstamm, der sich weiter unten befindet, auf einen Bereich im oberen Teil der Netzhaut abgebildet. Die Netzhaut erhält ein gespiegeltes Bild.

Aber wieso sollte das Gehirn deshalb „glauben", dass Signale einer Nervenzelle, die räumlich eher unten liegt, ein Objekt repräsentieren sollen, das ebenfalls eher unten liegt? Wieso soll das die „ursprüngliche", „natürliche", „angeborene“ Sichtweise sein, die erst „umgelernt“ werden muss? Das ergibt keinen Sinn.

Im Gehirn gibt es kein Oben und Unten. Das Sehzentrum im Hinterkopf bekommt einfach Signale. Ob die Zellen, die diese Signale produziert haben, auf der Netzhaut weiter oben oder weiter unten liegen, ist völlig einerlei. Man würde auch nicht annehmen, dass hohe Zahlen höher oben im Hirn verarbeitet werden oder dass wir hohe Töne in höher oben gelegenen Gehirnzellen des Hörzentrums wahrnehmen.

Babys müssen also nicht mit großem Gehirnaufwand ein verkehrtes Bild geistig umdrehen. Sehr wohl müssen sie aber sehen lernen. Sie müssen trainieren, aus visuellen Eindrücken ein Modell der Wirklichkeit zu machen. Sie müssen verstehen, dass diese seltsamen Dinge, die manchmal rechts und links ins Gesichtsfeld hereinragen, ihre eigenen Arme sind. Ihre Bewegungen sind nicht deswegen ungeschickt und tapsig, weil sie alles verkehrt herum sehen, sondern weil Sehen eine komplizierte Sache ist – und das Koordinieren von Bewegungen erst recht.

Der Mythos vom verkehrten Babyblick zeigt uns aber, dass wir oft eine ziemlich verkehrte, verzerrte, verbogene Vorstellung von unserem eigenen Sehsinn haben. Wir bilden uns ein, wir hätten ein Abbild der Wirklichkeit im Kopf – ähnlich wie eine Fotografie ein Abbild der Wirklichkeit ist. Uns ist klar, dass unser Bild nicht perfekt ist, aber wir gehen davon aus, dass es sich zumindest um eine imperfekte Reproduktion handelt, wie eine Kopie aus einem schlecht justierten Kopiergerät.

Aber eigentlich ist die Beziehung zwischen den Photonen, die in unser Auge gelangen, und dem Bild, das wir uns im Kopf daraus bauen, viel komplizierter, viel indirekter, viel abstrakter. Natürlich ist das, was wir in unserem Kopf sehen, eine logische Folge der physischen Welt da draußen. Aber meine Lasagne ist auch eine logische Folge der Zutaten, die ich zweieinhalb Stunden lang gekocht habe, um ein richtig gutes

Ragout daraus zu machen. Unser Erleben hängt in ganz entscheidendem Maß davon ab, wie wir das verarbeiten, was wir bekommen.

Und genau wie Kochrezepte keine Eigenschaften der Natur sind, sondern das Produkt von Kultur, Konvention und Tradition, sind auch Konzepte wie Farbe, Geometrie oder Helligkeit nicht einfach Eigenschaften der Natur, sondern das Produkt von Kultur, Konvention und Tradition. Wenn man zwei Menschen die Farbe Rot zeigt, denkt der eine an seinen Fußballverein, der andere an ein Rezept für Himbeertorte. Und beide haben recht.

GATTACA
S
CH3
H3C
CH3
H3C
H
H
H
H

KAPITEL 4

RIECHEN UND SCHMECKEN

Warum Menschen erstaunlich gute Spürhunde sind, warum der Geruchssinn deutlich facettenreicher ist als der Geschmackssinn und wie unsere Gene unsere Nahrungsvorlieben beeinflussen: Kulturelle Einflüsse spielen für unsere chemischen Sinneswahrnehmungen eine entscheidende Rolle.

Auf allen vieren irrten die Testpersonen über die Wiese und schnüffelten im Gras herum wie Spürhunde auf der Suche nach Beute. Ihre Augen waren mit undurchsichtigen Masken verdeckt, die Ohren waren verschlossen, sogar den Tastsinn hatte man ausgeschaltet – mit großen, weichen Handschuhen, durch die man kaum etwas fühlen konnte.

Es war ein merkwürdiges Experiment an der Universität Berkeley in Kalifornien, das im Jahr 2007 publiziert wurde: Man wollte herausfinden, ob Menschen in der Lage sind, einer Geruchsspur zu folgen und nur mithilfe ihrer Nase an ein vorgegebenes Ziel zu gelangen. Dazu wurde ein ungefähr zehn Meter langer Faden in verdünntem Schokoladenduftöl getränkt und in die Wiese gelegt. 32 Testpersonen hatten nun die Aufgabe, den Schokoladenduft zu finden und dem Faden bis ans Ende zu folgen – in weniger als zehn Minuten.

Mehr als die Hälfte der Freiwilligen schaffte das auf Anhieb. Sie bewegten sich dabei ganz ähnlich wie Hunde, die einer Fährte folgen: Immer wieder kreuzten sie die Schokoladenduftlinie, wenn sie den Duft verloren hatten, kehrten sie wieder um und nahmen schließlich die Witterung wieder auf. So ergab sich ein mäandernder Zickzackweg, der schließlich zum Ziel führte. Durch Übung ließ sich diese Fähigkeit deutlich verbessern: Nach einigen Tagen Spurenriechtraining stieg die Erfolgsquote, die Testpersonen schnüffelten rascher, bekamen somit mehr Geruchspartikel in die Nase und gelangten schneller zum Ziel.

Ein interessantes Ergebnis dieses Experiments war: Die Tatsache, dass wir zwei Nasenlöcher haben, spielt für die Schnüffelfähigkeiten eine entscheidende Rolle. Wenn man den Testpersonen ein Nasenloch verklebte, oder wenn man mit einer Spezialvorrichtung dafür sorgte, dass beiden Nasenlöchern immer der gleiche Luftstrom zugeführt wurde, dann waren die Fährtenschnüffelresultate der Testpersonen deutlich schlechter.

Wir Menschen haben also eine Art „Richtungsgeruchssinn“. Winzige Unterschiede zwischen Geruchsinformation aus dem linken Nasenloch und dem rechten Nasenloch geben uns Hinweise darauf, woher ein Geruch kommt. Das ist eine Fähigkeit, die uns kaum bewusst ist. Wir können diese Fähigkeit aber auch dann intuitiv nutzen, wenn wir keine Ahnung haben, dass es sie überhaupt gibt.

DER MENSCH HAT EINEN GUTEN RIECHER

Lange hat man den menschlichen Geruchssinn als unterentwickelt, unwichtig und nebensächlich eingeschätzt – zumindest in modernen, westlich-technologischen Kulturen: Wir Menschen sind doch Wesen des Sehens und Hörens! Das sind die Sinne von Sprache und Schrift, das sind die Sinne, mit denen man Mathematik lernt, das sind die Sinne der Hochkultur, mit denen man Gemälde, Sinfonien und Opern genießen kann. Riechen hingegen ist ein viel primitiverer Sinn, ein Sinn für triebgesteuerte Tiere. Für uns rationale Wesen spielt Geruch nur noch eine untergeordnete Rolle, wir haben uns evolutionär doch längst über die Notwendigkeit hinausentwickelt, unsere Welt schnüffelnd zu erforschen!

Nichts daran ist wahr. Unser Geruchssinn ist weder unwichtig noch unterentwickelt oder evolutionär verkümmert. Die Vorstellung, der Mensch sei schlecht im Riechen, ist wissenschaftlich nicht haltbar.

Mitverantwortlich für diesen Irrglauben ist der Neuro-Anatom Paul Broca, der im 19. Jahrhundert die Gehirnstruktur unterschiedlicher Lebewesen studierte – unter anderem den Bulbus olfactorius, eine Nervenstruktur an der Unterseite des Gehirns, die Geruchssignale aufnimmt und weiterleitet. Verglichen mit der Gesamtgröße des Gehirns ist dieses Geruchszentrum beim Menschen eher klein. Daraus schloss Broca, dass bei anderen Spezies der Geruchssinn ausgeprägter sein muss. Doch das war ein voreiliger Schluss. Größenrelationen von Hirnarealen sagen über tatsächliche Fähigkeiten oft wenig aus.

Unser Problem ist eher, dass unsere Nase geometrisch etwas unglücklich positioniert ist: Wegen unseres aufrechten Ganges ist sie meistens ziemlich weit weg vom Boden. Und im Gegensatz zu Hunden, die viele wichtige Aufgaben mit den Zähnen erledigen, verwenden wir normalerweise unsere Hände, um mit Objekten zu hantieren – auch dabei befindet sich unsere Nase nicht mitten im Geschehen. Spinnen haben es da einfacher, bei ihnen befinden sich die Geruchsorgane direkt an den Füßen. Ob das für uns Menschen im Alltag eine praktische Lösung wäre, ist eine andere Frage.

Aber wenn wir Menschen uns bewusst entscheiden, unsere Nase tief in die Welt der Düfte hineinzustecken, wie gut schneiden wir dann tatsächlich im Vergleich zu anderen Lebewesen ab? Es ist nicht ganz einfach, Geruchsfähigkeiten unterschiedlicher Spezies zu vergleichen.

Am besten gelingt das, indem man Tiere darauf trainiert, einen Geruch mit einer Belohnung zu verbinden. Eine Ratte kann zum Beispiel lernen, dass sich hinter dem Türchen mit einem bestimmten Geruch ein Leckerbissen befindet. Dann kann man die Geruchskonzentration Schritt für Schritt reduzieren, bis das Tier den Unterschied zwischen duftendem und duftlosem Türchen nicht mehr erkennen kann.

Wenn man solche Experimente mit vielen verschiedenen Geruchsstoffen durchführt, stellt man fest: Der Mensch ist insgesamt ein durchaus sensibler Riecher. Ob wir besser oder schlechter abschneiden als andere Säugetiere, hängt stark vom untersuchten Duftstoff ab. Unterschiedliche Spezies haben unterschiedliche Riechstärken und Riechschwächen. Insgesamt können wir aber mit Schweinen, Igeln oder Affen ganz gut mithalten. Hunde sind besonders talentierte Schnüffler, sie schlagen uns meistens, aber sogar im Riechwettbewerb zwischen Mensch und Hund gab es Experimente, bei denen der Mensch mindestens gleich gut abschnitt.

DIE FRAU, DIE PARKINSON RIECHEN KONNTE

Ein besonders beeindruckendes Beispiel für die Schnüffelfähigkeiten des Menschen ist die Geschichte der schottischen Krankenschwester Joy Milne. Im Jahr 2012 besuchte sie einen öffentlichen Vortrag des Parkinsonforschers Tilo Kunath und stellte danach eine simple Frage, die Medizingeschichte schreiben sollte: Warum riechen Menschen mit Parkinson-Erkrankung anders?

Tilo Kunath dachte zuerst, die Frage sei schlecht formuliert gewesen, und erklärte, dass eine Verschlechterung des Geruchssinns tatsächlich ein Symptom einer Parkinson-Erkrankung sein kann. Nein, das meine sie nicht, stellte Joy Milne klar: Es gehe ihr nicht um den Geruchssinn der Patienten, sondern um ihren Körpergeruch. Menschen mit Parkinson, davon war Joy Milne völlig überzeugt, erzeugen eine ganz bestimmte Parkinson-Duftnote.

Zum ersten Mal war ihr das bei ihrem Mann aufgefallen: Sein Geruch hatte sich im Lauf der Zeit geändert, war auf merkwürdige Weise moschusartig geworden. Jahre später diagnostizierte man bei ihm eine Parkinson-Erkrankung. Joy Milne stellte zunächst zwischen Geruch und Diagnose keine Verbindung her, doch als sie später an einem Treffen einer Parkinson-Selbsthilfegruppe teilnahm, fiel ihr auf: Da war er wieder, dieser merkwürdige Moschusgeruch. Parkinsonpatienten schienen auf charakteristische Weise anders zu riechen.

Das war der Grund, warum sie sich an Tilo Kunath von der Universität Edinburgh wandte: Wenn sich der Geruch ihres Mannes schon Jahre vor der Diagnose verändert hatte, könnte man den Geruch dann nicht nutzen, um die Krankheit bereits im Frühstadium zu erkennen?

Man lud Joy Milne ein, an einem Experiment teilzunehmen: Sie bekam zwölf T-Shirts zu untersuchen – sechs, die von Parkinsonpatienten getragen worden waren, und sechs, die von anderen Leuten stammten. Joy Milne hatte nun die Aufgabe, nur durch Schnüffeln die T-Shirts richtig zuzuordnen. Und das Resultat war höchst erstaunlich: Bei elf der zwölf T-Shirts lag sie richtig. Nur eine Person aus der Kontrollgruppe hatte sie fälschlicherweise der Parkinson-Gruppe zugewiesen.

Das allein wäre schon ein überzeugender Beleg dafür gewesen, dass man Parkinson tatsächlich durch Schnüffeln diagnostizieren kann. Aber die Sache wurde noch erstaunlicher: Monate später kam nämlich die Nachricht, dass bei der einen Person, die Joy Milne scheinbar falsch zugeordnet hatte, nun eine Parkinson-Erkrankung diagnostiziert worden war. Milne hatte also auch beim zwölften T-Shirt richtig gelegen, nur hatte die Person zu diesem Zeitpunkt von ihrer Erkrankung selbst noch gar nichts gewusst.

So begann eine sehr erfolgreiche Zusammenarbeit zwischen Joy Milne und Parkinson-Forschungsteams. Joy Milnes hochempfindliche Parkinson-Nase spielte eine wichtige Rolle bei der Entwicklung einfacher, zuverlässiger Früherkennungs-Tests.

Aber auch wenn wir in bestimmten Fällen winzige Spuren bestimmter Duftstoffe aufspüren können: Unser Geruchssinn erscheint uns oft vage, unpräzise und unzuverlässig. Wenn wir etwas exakt dokumentieren wollen, ist unser erster Gedanke nicht: „Lasst uns das in einem Duftfläschchen aufbewahren!“, sondern eher „Lasst uns ein Foto machen!“. Wenn wir ein Symbol sehen oder ein Wort hören, dann erkennen wir es später problemlos wieder. Aber können wir uns den Geruch eines Hotelzimmers in Erinnerung rufen, in dem wir letzte Woche übernachtet haben? Können wir Objekte, die uns vertraut sind, am Geruch erkennen?

In einer berühmten Studie aus dem Jahr 1979 untersuchte der Wahrnehmungsforscher William S. Cain von der US-amerikanischen Universität Yale die Fähigkeit von Testpersonen, mit verbundenen Augen Gerüche wiederzuerkennen. Er ließ sie ganz alltägliche Substanzen beschnuppern – etwa Zimt, Schokolade oder Erdnussbutter. Doch auch wenn es sich um bekannte Gerüche handelte, konnten die Testpersonen nur ungefähr die Hälfte von ihnen auf Anhieb korrekt benennen.

Man muss das mit der Zuverlässigkeit anderer Sinne vergleichen, um klar zu erkennen, wie seltsam das eigentlich ist: Wenn man Testpersonen Bilder bekannter Objekte zeigen würde und sie nur in der Hälfte aller Fälle die korrekte Bezeichnung dafür nennen könnten, dann würde man eine neurologische Störung diagnostizieren und medizinische Hilfe anbieten, schrieb dazu die Kognitionsforscherin Asifa Majid von der Universität Oxford.

Aber wie passt das zusammen? Wenn Menschen einerseits so gut riechen können, warum schneiden sie dann andererseits bei Geruchserkennungstests so schlecht ab? Um das zu klären, muss man zunächst darüber nachdenken, was beim Riechen eigentlich genau passiert.

DIE KUH IN MIR

Dass es überhaupt so etwas wie einen Geruchssinn gibt, ist bei näherer Überlegung eigentlich schon eine Herausforderung für unser Weltbild. Wir betrachten das Universum als Ansammlung von Objekten, die klar voneinander getrennt sind. Auf der Wiese steht eine Kuh. Die Kuh befindet sich an einem bestimmten Ort. Das bedeutet: Sie füllt einen wohldefinierten Bereich des Universums aus. Und direkt angrenzend an diesen kuherfüllten Bereich befindet sich der Rest des Universums, bei dem es sich nicht um diese Kuh handelt.

Doch die Tatsache, dass wir die Kuh riechen können, macht die Angelegenheit etwas komplizierter. Das bedeutet nämlich, dass winzige Kuh-Teilchen – ein Gemisch aus unterschiedlichen Molekülsorten – die Kuh verlassen, durch die Luft schweben und in unsere Nase gelangen. Der Großteil der Kuh mag nach wie vor auf der Wiese stehen, aber streng genommen ist die ganze Welt ringsherum ebenfalls ein bisschen voller Kuh.

Wenn wir etwas sehen, dann bedeutet das nur, dass Photonen an diesem Objekt gestreut wurden und in unser Auge gelangen. Wenn wir etwas hören, dann registrieren wir Luftschwingungen, die von diesem Objekt in unsere Richtung geschickt wurden. Riechen ist in gewissem Sinn eine viel direktere, unmittelbare Interaktion: Echte Originalbestandteile des Objekts werden von unserer Nase aufgenommen. Wenn ich die Kuh rieche, ist ein Stück Kuh in mir.

Die Luft, die wir einatmen, ist ein kompliziertes Gemisch aus vielen verschiedenen chemischen Substanzen. Dieses Gemisch gelangt in die Nasenhöhle, zur Nasenschleimhaut. Dort sitzen einige Millionen Riechzellen. Jede dieser Riechzellen ist mit Rezeptoren ausgestattet, die für ganz bestimmte Moleküle maßgeschneidert sind. Gelangen Moleküle an die Nasenschleimhaut, die genau zu einer bestimmten Rezeptorsorte passen wie ein Schlüssel zum Schloss, wird die Riechzelle aktiviert: Sie erzeugt ein Nervensignal, das dann über den Bulbus olfactorius weitergeleitet wird – das Gehirn riecht etwas.

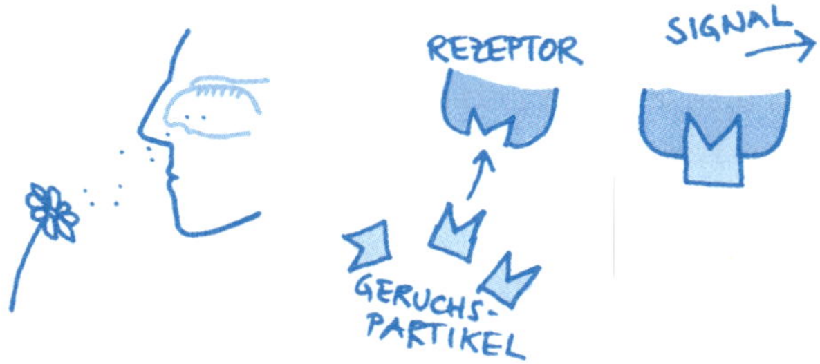

Insgesamt haben wir Menschen ungefähr vierhundert Sorten funktionsfähiger Geruchsrezeptortypen – also vierhundert verschiedene Arten von Riechzellen. Das ist eine gewaltige Anzahl, wenn wir sie mit den drei verschiedenen Farbrezeptortypen in unserer Netzhaut vergleichen. Hunde übertreffen uns in diesem Punkt aber deutlich: Sie haben über tausend Rezeptortypen.

Natürlich bedeutet das nicht einfach, dass wir vierhundert verschiedene Gerüche unterscheiden können. Die Angelegenheit ist komplizierter: Ein bestimmter Rezeptor reagiert nicht einfach auf ein bestimmtes Molekül. Ein Rezeptor wird von vielen verschiedenen Molekülen aktiviert, in unterschiedlichem Ausmaß. Umgekehrt aktiviert ein Molekül auch viele verschiedene Geruchsrezeptoren in unterschiedlichem Ausmaß. Und Gerüche, die wir im Alltag wahrnehmen – etwa Rosenduft oder der Geruch einer Kuh –, sind ein buntes Gemisch vieler unterschiedlicher Moleküle. Ein Geruchserlebnis ist also immer ein komplexes Zusammenspiel vieler verschiedener Rezeptoren, ein elektrisches Feuerwerk im Riechkolben.

Und hier liegt der entscheidende Unterschied zwischen dem Geruchssinn und anderen Sinnen wie Sehen oder Hören: Geruch ist prinzipiell etwas Komplexes.

Bilder oder Klänge lassen sich in simple Bestandteile zerlegen: Ein Bild besteht aus einzelnen Bildpunkten, und die Farbe jedes Bildpunktes besteht aus bestimmten Lichtwellenlängen. Musik besteht aus einer Abfolge von Klängen, und jeder Klang besteht aus bestimmten akustischen Wellenlängen. Das sind die Grundbausteine, aus denen jedes Seh- oder Hörerlebnis zusammengesetzt ist. Diese Tatsache kann man verwenden, um optische oder akustische Eindrücke digital zu zerlegen, zu speichern und wiederzugeben.

Beim Sehen und beim Hören lassen sich unterschiedlichste Sinneseindrücke mit zwei physikalischen Größen sehr gut beschreiben: mit Wellenlänge und Intensität. Gerüche hingegen kann man nicht in eine logische Reihenfolge bringen, wie der Regenbogen das mit den sichtbaren Farben macht. Das Riechen ist eine Wahrnehmung mit vielen Dimensionen. Wir haben kein simples logisches System, in das wir Gerüche einpassen können. Es gibt keine überschaubare, einfache Sammlung von „Basisgerüchen", aus denen man beliebige andere Gerüche zusammenfügen kann. Das macht es auch schwerer, Düfte in Kategorien zu ordnen, an die man sich erinnern und über die man reden kann.

SCHMECKEN IST EINFACH – RIECHEN IST SCHWER

Eng verwandt mit dem Geruchssinn ist unser zweiter chemischer Sinn: der Geschmackssinn. Er beruht auf demselben Grundprinzip – Moleküle kommen in Kontakt mit Rezeptorzellen, und wenn Molekül und Rezeptor zueinander passen wie ein Schlüssel ins Schloss, wird die Zelle aktiviert und erzeugt ein Signal, das als Nervenimpuls zum Gehirn weitergeleitet wird.

Die meisten Geschmacks-Rezeptorzellen finden sich beim Menschen auf den Geschmacksknospen der Zunge, aber auch mit dem Gaumen, dem Kehlkopf und sogar der oberen Speiseröhre können wir Geschmack wahrnehmen.

Prinzipiell können Geschmacksknospen aber auch anderswo sitzen. Viele Vögel können mit ihrer Zunge kaum etwas schmecken, ihre Geschmacksknospen befinden sich hauptsächlich im Rachen. Manche Fische wiederum können mit ihrer Haut Geschmack wahrnehmen. Der Wels, ein großer Süßwasserfisch, wird deshalb manchmal sogar als „schwimmende Zunge“ bezeichnet. Wie fühlt sich die Welt an, wenn man ständig durch eine Wasserumgebung gleitet, die man am ganzen Körper schmeckt? Es muss eine Lebensrealität sein, die wir Menschen uns unmöglich vorstellen können.

Aber auch wir Menschen haben Geschmacksrezeptoren an Stellen, wo man sie eigentlich nicht erwarten würde: Man konnte Rezeptorzellen im Magen-Darm-Bereich finden, in den Atemwegen, sogar im Gehirn. Sie helfen dabei, wichtige Körperfunktionen zu regulieren. Manche sorgen für effiziente Verdauung, andere überprüfen die aktuelle Zusammensetzung des Blutes, in der Bauchspeicheldrüse wird Süße registriert und dadurch die Insulinproduktion beeinflusst. Als echte Sinneswahrnehmung kann man das allerdings nicht bezeichnen, es handelt sich um einen rein unbewussten Prozess. Unser Körper reagiert darauf, aber wir nehmen die Signale dieser Zellen nicht als Geschmack oder Geruch wahr.

Auch wenn der Geschmackssinn ähnlich funktioniert wie der Geruchssinn – er ist deutlich weniger vielfältig und komplex. Verglichen mit den rund vierhundert verschiedenen Geruchsrezeptoren in unserer Nase ist die Zahl der Geschmacksrichtungen, die unsere Zunge detektieren kann, ziemlich bescheiden: Süß, sauer, salzig und bitter – das sind die Grundgeschmäcker, die der deutsche Physiologe David Pauli Hänig im Jahr 1901 untersuchte. Er stellte fest, dass nicht jeder Bereich der Zunge genau gleich auf diese Geschmacksrichtungen reagiert, er fand kleine Unterschiede und veröffentlichte seine Ergebnisse.

Das ging leider gehörig schief: Hänig wurde falsch verstanden und völlig überinterpretiert. Man erstellte Bilder der Zunge mit scharfen Trennlinien, die angeblich unterschiedliche Geschmackszonen definieren sollten.

So entwickelte sich der Mythos, dass die unterschiedlichen Geschmacksrezeptoren fein säuberlich sortiert auf der Zunge vorliegen und jede Stelle der Zunge nur einen ganz bestimmten Geschmack wahrnehmen kann. Das hatte David Pauli Hänig niemals behauptet, aber bis heute hört man diese Darstellung, etwa als Verkaufsargument von Weinglasproduzenten, die für unterschiedliche Sorten von Wein ganz bestimmte Gläser verkaufen, die den Wein angeblich durch ihre spezielle Form genau an die passende Stelle der Zunge leiten.

Später stellte man außerdem fest, dass Hänig etwas vergessen hatte: Zusätzlich zu süß, sauer, salzig und bitter gibt es auch noch die fünfte Grundgeschmacksrichtung umami. Das Wort stammt aus dem Japanischen, es gibt keine echte deutsche Entsprechung, manchmal wird es als „herzhaft" übersetzt. Fleisch ist umami, reifer Käse oder Tomatenmark, genauso wie fermentierter Fisch oder Sojasauce. Auch für fetthaltige Nahrung haben wir Rezeptoren – manche Fachleute sehen „fett" daher als sechste Grundgeschmacksrichtung.

Wären diese sechs verschiedenen Rezeptoraktivitäten wirklich alles, worauf es bei einem Geschmackserlebnis ankommt, wäre Kochen ziemlich einfach. Man bräuchte dann nur sechs verschiedene Zutaten: Zucker, Säure, Salz, einen

Bitterstoff, pures Fett und reines Umami, etwa in Form von Mononatriumglutamat.

Damit könnte man die Geschmacksknospen der Zunge in beliebiger Kombination anregen. Aber einen interessanten Geschmack würde man dadurch trotzdem niemals erzeugen, denn das, was wir für ein Geschmackserlebnis halten, beruht eigentlich in erster Linie auf Geruch. Schon bevor wir etwas in den Mund stecken, riechen wir es, und während im Mund dann unsere Geschmacksknospen aktiviert werden, gelangen gleichzeitig Duftstoffe durch die direkte Verbindung zwischen Mund und Nase zu unserer Riechschleimhaut. Geschmacks- und Geruchssinn gehören also fest zusammen. Wenn wir Essen verkosten, leistet unsere Nase die sinnliche Hauptarbeit. Daher haben wir auch wenig Freude am Essen, wenn wir verschnupft sind.

DAS JACOBSON-ORGAN UND DIE PHEROMONE

Viele Tiere haben sogar noch ein weiteres chemisches Sinnesorgan – das sogenannte Jacobson-Organ, das in der Nasenhöhle oder am Gaumen sitzt. Während Geruchssinn und Geschmackssinn ganz automatisch aktiv werden, wenn wir Luft einatmen oder Nahrung in den Mund stecken, muss das Jacobson-Organ normalerweise bewusst eingesetzt werden.

Schlangen machen das, indem sie züngeln – dadurch nehmen sie Duftstoffe auf und bringen sie zum Jacobson-Organ. Wenn Katzen Luft in ihr Jacobson-Organ holen, bezeichnet man das als „flehmen“. Die Tiere wirken dabei meistens nicht besonders anmutig und graziös. Für Menschen sieht es recht merkwürdig aus, wenn die Katze plötzlich stillhält und mit halb geöffnetem Mund ins Nichts starrt, als hätte sie gerade eben die überraschendste Nachricht der Welt erhalten. In Wirklichkeit bedeutet das nur: Sie hat etwas Interessantes erschnüffelt und holt nun Luft ins Jacobson-Organ, um die Sache genauer zu untersuchen.

Das Jacobson-Organ ist auf andere Geruchsmoleküle spezialisiert als die Nase. Speziell für Pheromone dürfte es eine wichtige Rolle spielen. „Pheromon“ ist keine Bezeichnung für eine bestimmte Molekülklasse, der Begriff umfasst einfach Chemikalien, die zur chemischen Kommunikation zwischen Artgenossen verwendet werden. Ein Tier erzeugt Pheromone und ruft damit eine evolutionär vorgegebene Reaktion in anderen Tieren hervor. Pheromone werden beispielsweise verwendet, um ein Revier zu markieren, vor Gefahr zu warnen oder sexuelles Verhalten anzuregen.

Aber wie ist das beim Menschen? Haben wir auch ein Jacobson-Organ? Zumindest ein ganz kleines? Tatsächlich wurde über diese Frage lange gestritten. Zumindest anatomische Spuren eines Jacobson-Organs lassen sich bei Menschen nämlich finden – als kleine Kanälchen in der Nasenscheidewand. Kann es sein, dass unser Verhalten unbewusst von Pheromonen gesteuert wird, die in diesen Kanälchen registriert werden? In den 1980er- und 1990er-Jahren wurden wagemutige Thesen dazu aufgestellt – über die Auswirkung von Pheromonen auf sexuelle Attraktivität oder über Frauen, die angeblich über Pheromone ihren Hormonzyklus synchronisieren. Von diesen Thesen ist nach näheren Untersuchungen praktisch nichts übrig geblieben.

Die Spuren eines Jacobson-Organs, die man beim Menschen finden kann, betrachtet man heute als weitgehend funktionsloses Überbleibsel, ähnlich wie das Steißbein. Es hat keine Nervenverbindungen zum Gehirn – selbst wenn dort etwas wahrgenommen werden würde, könnten wir mit dieser Information nichts anfangen.

GENE UND GERUCH: SCHWEINE UND KORIANDERBLÄTTER

Viel von unserem Wissen über den Geruchssinn verdanken wir der Physiologin Linda Buck und dem Mediziner Richard Axel. Sie untersuchten, wie Geruchsreize entstehen und vom Gehirn verarbeitet werden. 2004 wurden die beiden dafür mit dem Medizin-Nobelpreis ausgezeichnet.

Sie erforschten auch, welche Gene dafür verantwortlich sind, die Rezeptoren der Riechzellen hervorzubringen. Ungefähr tausend unserer Gene sind mit Geruchsrezeptoren assoziiert. Das bedeutet: Ein beträchtlicher Teil des Speicherplatzes in unserer DNA wird für den Geruchssinn genutzt, mindestens drei Prozent unseres Genoms – wieder ein klarer Hinweis darauf, dass der Geruchssinn für uns Menschen eine wichtige Rolle spielt.

Allerdings bringen nur vierhundert dieser tausend Gene beim Menschen tatsächlich funktionsfähige Geruchsrezeptoren hervor. Beim Rest handelt es sich um sogenannte „Pseudogene" – zum Beispiel um Gen-Codes für Geruchsrezeptoren, die bei unseren Vorfahren noch funktioniert haben, aber dann irgendwann im Lauf der Evolutionsgeschichte kaputtgegangen sind.

Unsere DNA enthält also Datenballast, der keine Funktion hat, fehlerhafte Bauanleitungen, die von unserem Körper nicht mehr verwendet werden, wie ein Kochrezept in Omas handgeschriebenem Kochbuch, das nach all den Jahren niemand mehr lesen kann.

Allerdings sind es nicht bei allen Menschen dieselben Gene, die ihre Funktionsfähigkeit verloren haben: Was beim einen ein wirkungsloses Pseudogen ist, liegt beim anderen in einer Variante vor, die einen völlig funktionsfähigen Riechrezeptor erzeugt. Auch bei den aktiven Genen gibt es Unterschiede. Schon von den Farbrezeptoren der Netzhaut wissen wir, dass genetische Mutationen zu veränderter Wahrnehmung führen können, zum Beispiel zu Farbenblindheit. Beim Geruchssinn mit seinen vielen Rezeptortypen ist die Wahrscheinlichkeit für genetisch bedingte Unterschiede noch viel größer.

Wir Menschen haben also tatsächlich alle eine individuelle Mischung von Geruchsrezeptoren in unserer Nase. Wir hören alle mehr oder weniger dieselben Töne, wir sehen alle mehr oder weniger dieselben Farben – aber unsere Geruchsempfindungen sind verschieden. Unsere Riechschleimhäute sind ähnlich einzigartig wie unsere Fingerabdrücke.

Aber wie eng hängen unsere Gene mit unserer Geruchswahrnehmung zusammen? Das hat man zum Beispiel beim Geruch des Duftstoffs Androstenon sehr genau untersucht. Androstenon wird unter anderem von männlichen Schweinen produziert und spielt beim Paarungsverhalten der Tiere eine wichtige Rolle: Weibliche Schweine scheinen davon sehr beeindruckt zu sein – für viele Menschen hingegen riecht Androstenon intensiv nach Urin oder Schweiß.

Das Interessante an diesem Duftstoff ist aber: Es gibt auch Menschen, für die Androstenon süßlich-blumig riecht, und manche nehmen Androstenon überhaupt nicht wahr. Die Frage ist nun: Lässt sich auf molekularer Basis erklären, warum derselbe Duftstoff auf unterschiedliche Menschen so unterschiedlich wirkt?

Tatsächlich konnte man zeigen: Manche Menschen haben zwei kleine Mutationen in ihrer DNA, die dazu führen, dass ein Geruchsrezeptor mit dem Namen OR7D4, der normalerweise auf Androstenon reagiert, in einer etwas anderen Variante gebildet wird. In Laborversuchen stellte man fest: Die mutierte Rezeptorvariante lässt sich weniger gut durch Androstenon aktivieren. Und man fand heraus: Menschen mit dieser Mutation in ihrer DNA empfinden Androstenon als viel weniger unangenehm.

Auf den ersten Blick scheint hier alles wunderbar zusammenzupassen: Man hat eine logische Verbindung gefunden, von der DNA über den Geruchsrezeptor bis zur Wahrnehmung. Auch in Zwillingsstudien zeigte sich: Eineiige Zwillinge reagieren ziemlich ähnlich auf Androstenon – ein weiteres Argument für die wichtige Rolle der Gene beim Riechen.

Aber heißt das nun, dass unser Geruchssinn einfach durch Genetik definiert wird? Reicht ein simpler molekularer Gen-Schalter aus, um aus einem üblen Geruchserlebnis etwas Angenehmes oder zumindest völlig Unspektakuläres zu machen? Ist in unseren Genen festgeschrieben, was für uns Gestank oder Wohlgeruch ist?

Nein, ganz so einfach ist die Sache dann doch nicht. So zeigte sich zum Beispiel, dass man Androstenon-Schnüffeln in gewissem Maß lernen kann: Nach einigen Wochen konnten auch die Menschen, die anfangs kaum etwas davon bemerkten, Androstenon viel deutlicher wahrnehmen. Genetik ist zwar ein wichtiger Faktor, aber ganz eindeutig nicht der einzige.

Ähnlich interessant sind auch Experimente mit Koriander: Manche Menschen lieben diese Pflanze, andere hassen sie. Korianderfeinde bezeichnen den Geruch oft als unangenehm „seifig". Auch hier wurde behauptet, man hätte eine genetische Erklärung gefunden: Eine Mutation in einem bestimmten Gen soll angeblich die Fähigkeit zerstören, die „Seifigkeit" von Koriander wahrzunehmen – und wenn man diese Seifigkeit nicht registriert, dann findet man Koriander gut.

Das könnte man nun zum Anlass für die Behauptung nehmen: Die Wissenschaft hat bewiesen, dass Koriander objektiv schlecht ist. Koriander zu mögen, ist eigentlich eine sensorische Fehlleistung, genau wie Farbenblindheit. In Wirklichkeit ist Koriander seifig und unangenehm, nur fehlt eben manchen Leuten der nötige Rezeptor, um diese eklige Wahrheit zu erkennen. Dass sie Koriander fälschlicherweise für gut halten, ist eine Wahrnehmungsstörung, ausgelöst durch einen Gendefekt!

Aber das wäre völlig falsch. Auch wenn die Geschichte vom Koriander-Gen gerne als Beweis für die Macht der Gene präsentiert wird – sie wird oft schrecklich übertrieben dargestellt. Das eine Gen, das über Korianderliebe oder Korianderhass entscheidet, gibt es nicht. Zusammenhänge zwischen Koriandersympathie und Genen lassen sich zwar finden, aber sie sind nicht besonders stark ausgeprägt. Eine ganze Reihe von Genen und Geruchsrezeptoren dürfte hier eine Rolle spielen.

Außerdem zeigt sich: Kultur und Gewohnheit haben einen ganz entscheidenden Einfluss darauf, welche Gerüche wir angenehm und welche wir abstoßend finden. Wer von Kindheit an mit Koriander aufwächst und positive Erinnerungen daran hat, wird emotional anders reagieren als jemand, der im Erwachsenenalter zum ersten Mal Koriander probiert und entsetzt die Frage stellt, was dieser Seifenduft auf dem Linsen-Dal zu suchen hat.

ANGEBOREN ODER ANERZOGEN?

Manche Geschmacksrichtungen werden fast von allen Erwachsenen als angenehm empfunden, zum Beispiel Vanille oder Erdbeere. Doch bei Babys stoßen sie nicht unbedingt auf große Begeisterung. Geschmackliche Vorlieben entwickeln sich offenbar erst im Lauf der Zeit.

Bei unangenehmen Geschmacksnoten scheint das aber anders zu sein: Sauren oder bitteren Geschmack finden Babys schon kurz nach der Geburt unangenehm, und zwar unabhängig vom kulturellen Hintergrund, ohne jede Lernerfahrung. Sind manche geschmackliche Abneigungen also doch angeboren – im Gegensatz zu geschmacklichen Vorlieben?

Das klingt zunächst durchaus plausibel. Viele giftige Stoffe schmecken bitter. Evolutionär betrachtet ist es sinnvoll, wenn schon Babys aufgrund einer angeborenen Abneigung solche Substanzen meiden. Bei ekligen Gerüchen ist das genauso: Wo es nach Fäulnis, Fäkalien oder Verwesung riecht, befinden sich oft Krankheitserreger, die uns gefährlich werden könnten. Man würde also glauben, die Evolution muss diese Abneigung fest in die Struktur unserer Wahrnehmung eingebaut haben – doch so einfach ist es nicht. Erstaunlicherweise lassen sich diese Abneigungen überwinden, dafür gibt es Beispiele aus der ganzen Welt, aus ganz unterschiedlichen Kulturkreisen.

Schwefelwasserstoff stinkt nach faulen Eiern, Buttersäure nach ranziger Butter und Schweiß, Cadaverin und Putrescin entstehen, wenn totes Gewebe verdirbt. Eine Mischung dieser Stoffe würde man nicht unbedingt für ein Produkt halten, das Menschen mit Absicht in den Mund stecken. Aber all diese Chemikalien sind in „Surströmming" enthalten, einer schwedischen Fischspezialität, die aus vergorenen Heringen hergestellt wird.

In China ist „chòu dòufu" beliebt, auch bekannt unter dem Namen „Stinky Tofu". Man fermentiert den Tofu einige Tage, bis Bakterien und Pilze einen Zersetzungsprozess eingeleitet haben, der zu einem charakteristischen Gestank führt – oder, wenn man dieses Nahrungsmittel mag, zu einem wunderbar würzigen Geschmack.

Käse ist Drüsensekret von Säugetieren, das durch Enzyme aus Tiermägen zum Stocken gebracht wurde und dann möglicherweise auch noch verschimmelt ist. Dabei entstehen Schwefelverbindungen, wie sie auch in verrottenden Pflanzen gefunden werden, oder auch Isovaleriansäure, die an Schweißfüße erinnert. Und trotzdem kann ein solcher Käse ein wunderbares Geschmackserlebnis erzeugen und Glücksgefühle auslösen. Genau wie bitterer Kaffee, Kohlsprossen oder Sauerkraut.

Geschmacks- und Geruchssinn sind also formbar, trainierbar, veränderbar. Ob uns eine bestimmte Kombination von Molekülen dazu bringt, angeekelt auszuspucken oder begeistert einen Nachschlag zu bestellen – das hängt von unseren Erfahrungen, Prägungen und Gewohnheiten ab. Nase und Zunge ermöglichen uns, Dinge in Kategorien wie „Nahrung" oder „Gesundheitsgefahr" einzuteilen. Aber wie wir diese Einteilung dann tatsächlich treffen, ist nicht biologisch vorgegeben.

DIE SPRACHE DER GERÜCHE

Abgesehen von Wörtern wie „duftend" oder „stinkig", die einfach nur sagen, ob ein Geruch angenehm oder unangenehm ist, haben wir erstaunlich wenige Wörter für Düfte. Wir verwenden meistens Vergleichswörter: Etwas riecht zitronig, blumig oder modrig, wenn es nach Zitronen, Blumen oder Moder riecht.

Das ist, als würden wir Farben nicht als rot, blau oder grün, sondern als tomatig, himmelfarben oder grasig beschreiben. Bei Farben haben wir abstrakte Kategoriewörter erfunden, ohne Bezug zu konkreten Objekten. Bei Gerüchen nicht. Lange Zeit dachte man, das sei gar nicht möglich. Der deutsche Psychologe Hans Henning, der in der ersten Hälfte des 20. Jahrhunderts die Geruchswahrnehmung erforschte, sah hier einen fundamentalen Unterschied zwischen den Sinnen: Visuelle Eindrücke kann man in abstrakten Begriffen beschreiben, olfaktorische Abstraktion hingegen gibt es nicht. Diese Ansicht setzte sich als gültige Lehrmeinung durch.

Das war allerdings ein etwas voreiliges Urteil. Wenn man in europäischen Sprachen keine speziellen Geruchswörter findet, heißt das noch lange nicht, dass es sie nicht gibt oder dass Menschen dazu nicht fähig sind.

In Malaysia leben die Jahai, in ihrer Kultur spielen Gerüche eine wichtige Rolle. Sie haben ein Geruchsvokabular, das ähnlich funktioniert wie unsere Farbbegriffe – es arbeitet mit eigenen Kategorien, nicht mit Vergleichen. In ihrer Sprache gibt es ein Wort für Gerüche, die von rohem Fleisch, Fisch oder Blut ausgehen, ein Wort für den Geruch von Röstaromen oder auch ein Wort für die Geruchsnote, die alte, verlassene Behausungen, Pilze und abgestandenes Essen gemeinsam haben.

Die Kognitionsforscherin Asifa Majid untersuchte, ob ein solches Geruchsvokabular auch eine höhere sprachliche Präzision beim Beschreiben von Gerüchen ermöglicht. Man ließ Versuchspersonen, die entweder Englisch oder Jahai sprachen, verschiedene Gerüche und verschiedene Farben benennen.

Bei Englisch sprechenden Menschen war die Übereinstimmung bei den Farben sehr hoch: Wenn etwas rot ist, sind sich englischsprachige Menschen ziemlich einig darüber, dass es sich um die Farbe Rot handelt. Bei Gerüchen hingegen haben unterschiedliche Versuchspersonen unterschiedliche Assoziationen. Was der eine als „fruchtig“ bezeichnet, riecht für andere wie „Zitronenreiniger“ und für wieder andere eher nach „Beeren“. Bei den Jahai hingegen war das anders: Sie waren sich über Geruchsbezeichnungen genauso einig wie über Farbbegriffe.

Menschen können also durchaus abstrakte Geruchsbegriffe verwenden. Ob wir es tun, ist einfach eine Frage der Kultur. Aber dann stellt sich die Frage: Haben die Gerüche, die wir mit einem bestimmten Wort bezeichnen würden, die wir zu einer bestimmten Kategorie zusammenfassen würden, tatsächlich etwas gemeinsam? Wenn zwei Düfte ähnlich riechen, handelt es sich dann um ähnliche Moleküle? Hat diese Ähnlichkeit eine Basis in der realen Welt außerhalb unseres Kopfes?

Manchmal scheint es so zu sein. So gibt es zum Beispiel die Familie der Frucht-Ester – eine Klasse von Duftstoffen, die chemische Gemeinsamkeiten haben und für uns Menschen angenehm fruchtig riechen, etwa nach Apfel, Birne oder Erdbeere. In diesen Fällen erzeugen also ähnliche Moleküle Geruchserlebnisse, die uns auf ähnliche Weise „fruchtig" vorkommen. Aber das ist nicht immer so.

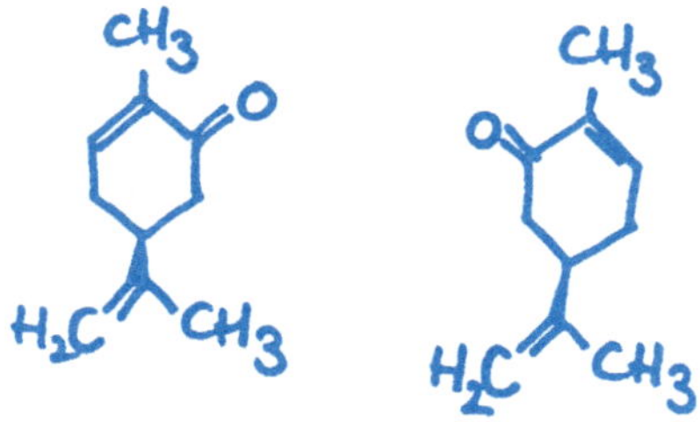

Es kommt auch vor, dass Molekülsorten, die chemisch beinahe identisch sind, völlig unterschiedlich riechen. Carvon zum Beispiel ist ein recht simples Molekül, das sich in Minzblättern findet. Es ist für den charakteristischen Geruch von Minzbonbons und Minzkaugummi verantwortlich. Von diesem Molekül gibt es eine Spiegelbildversion. Sie besteht genau aus denselben Atomen, diese Atome gehen dieselben Verbindungen miteinander ein, nur zeigen manche dieser Verbindungen bei der einen Version nach links, bei der anderen Version nach rechts.

Die beiden Moleküle sind gleich groß, gleich schwer, sie reagieren auf die gleiche Weise mit anderen Atomen. Eine größere Ähnlichkeit zwischen zwei Molekülen kann es eigentlich gar nicht geben. Aber wenn man an ihnen schnüffelt, stellt man fest: Das eine riecht nach Minze, das andere nach Kümmel.

Mit unserer Nase können wir den subtilen Unterschied zwischen den beiden Carvon-Versionen nicht nur zuverlässig erkennen, er führt sogar zu drastisch verschiedenen Geruchserlebnissen. In der Geruchswelt in unserem Kopf haben Kümmel und Minze nichts miteinander zu tun. Das ist keine subtile Variation, wie der Unterschied zwischen Zitrone und Limette. Das ist ein völlig anderer Eindruck. Niemand würde Kümmel in den Cocktail streuen, weil die Cocktailminze ausgegangen ist – auch wenn der Unterschied chemisch gesehen minimal wäre.

Umgekehrt gibt es auch Düfte, die wir als ähnlich wahrnehmen, die wir einer gemeinsamen „Geruchsfamilie" zuordnen würden, obwohl sie chemisch kaum etwas miteinander zu tun haben. „Moschusartig", „zitronig" oder „fruchtig-frisch" sind wichtige Kategorien, wenn jemand Parfüms mischt oder Saucen kocht – aber sie sind keine Kategorien der Physik oder der Chemie. Es gibt keine chemische Struktur, keine Atomkombination, keine Molekülsorte, die „Moschusartigkeit" definiert. Solche Kategorien sind keine Eigenschaften der physischen Wirklichkeit, sie existieren nur in unserem Kopf.

Könnten wir mit außerirdischen Lebewesen sprechen, die ähnliche Sinnesorgane entwickelt haben wie wir – vermutlich könnten wir uns mit ihnen darauf einigen, dass ein bestimmter Lichtstrahl intensiver ist als der andere oder dass er eine größere Wellenlänge hat. Das könnten wir dann in menschliche Begriffe wie „heller" oder „rötlicher" übersetzen. Aber mit Außerirdischen über Gerüche zu sprechen, wäre vermutlich völlig hoffnungslos. Wir könnten höchstens auflisten, welche Moleküle in einer Geruchsprobe vorkommen – aber einem Außerirdischen zu erklären, was wir mit „grasig-frisch" oder „tannenwald-modrig" meinen, würde uns wohl kaum gelingen.

METALLGERUCH GIBT ES NICHT

Manche unserer Geruchsbezeichnungen sind streng genommen physikalisch sogar falsch oder zumindest irreführend. Alle wissen, was gemeint ist, wenn jemand von einem „metallischen Geruch“ spricht. Wir kennen diese Kategorie etwa von Münzen, Büroklammern oder metallischen Treppengeländern. Das Seltsame daran ist nur: Metalle haben gar keinen Geruch.

Von einem „Metallgeruch“ im physikalischen Sinn könnte man sprechen, wenn sich einzelne Atome aus dem Metall lösen und in unsere Nase geraten würden. Aber das geschieht nicht. Was wir für einen „metallischen Geruch“ halten, besteht aus Molekülen, die unsere eigene Haut produziert. Metallgeruch ist eigentlich Körpergeruch – ein Abbauprodukt von Fett, das entsteht, wenn unsere Haut mit Metall reagiert. Wenn wir also den typischen Geruch von Münzen an den Fingern erschnüffeln, müssen wir bedenken: Geld stinkt nicht. Wir sind es bloß, die seltsam riechen, wenn wir mit Geld in Berührung kommen.

Auch der Duft von Sommerregen hat eine andere Ursache, als man meinen würde. Wenn nach langer Trockenheit endlich Regen auf die Erde fällt oder auf den aufgewärmten Asphaltboden der Stadt, dann entstehen ganz charakteristische Duftnoten, die man als „Petrichor“ bezeichnet. Viele Leute finden das sehr angenehm. Aber es ist eigentlich nicht der Regen, den wir hier riechen. Durch die Flüssigkeit werden bloß Pflanzenöle freigesetzt, die sich während der Trockenheit im Boden eingelagert haben, und Geosmin gelangt in die Luft, eine flüchtige chemische Verbindung, die von Mikroorganismen im Boden produziert wird.

Auch Meeresduft ist eigentlich nicht der Geruch des Meeres selbst – Salzwasser hat keinen Geruch. Was wir wahrnehmen, ist Dimethylsulfid, ein kleines, schwefelhaltiges Molekül, das von Plankton im Meer produziert wird und auch ein charakteristischer Bestandteil von Mundgeruch ist. Wenn wir also sagen, dass es nach Meer riecht, dann ist das auf molekularer Ebene betrachtet nicht ganz korrekt.

Sollten wir nun also mit erhobenem Zeigefinger aufstehen, wenn uns das nächste Mal jemand vom wunderbaren Duft des Meeres vorschwärmt, und mit überlegenem Besserwisserlächeln dozieren: „Das heißt nicht Meeresduft, das heißt Dimethylsulfid!“? Nein, das sollten wir nicht. Damit hätten wir nichts bewiesen, nichts erklärt und nichts gewonnen. Wir hätten damit nicht einmal recht.

Gerüche kann man nun einmal auf unterschiedlichen Ebenen betrachten. Wir können sie als Phänomen einer objektiven, physikalisch beschreibbaren Welt sehen: Wenn eine Sache einen bestimmten Geruch hat, dann gibt sie charakteristische Moleküle in die Luft ab.

Wir könnten Gerüche aber auch auf neurologischer Ebene analysieren – als Nervensignale, die vom Bulbus olfactorius weitergeleitet werden. Oder auf einer sinnlichen Ebene, die in unserem Kopf entsteht: Meeresduft ist eben das, was ich rieche, wenn ich am Meer bin. Ob es dafür eine physikalisch-chemisch präzise Erklärung gibt, ist mir dann egal. Vielleicht gehört zum Meeresduft für mich auch eine dezente Note von Sonnencreme? Oder der Geschmack meiner Lieblingseissorte, die ich am Strand immer esse?

Und dann gibt es, wie sich immer wieder zeigt, auch noch eine wichtige soziale Ebene: Wie wir Geschmack und Geruch wahrnehmen und kategorisieren und mit welchen Begriffen wir darüber reden – das alles ist Ausdruck von Gewöhnung, Konvention und Kultur.

NICHTS AUF DER WELT SCHMECKT SCHARF

Wie stark Kultur unser Empfinden prägt, erkennen wir auch besonders drastisch an unserem Umgang mit Schärfe. Er ist in verschiedenen kulinarischen Traditionen radikal unterschiedlich. Was für manche Leute ein unverzichtbarer Bestandteil eines guten Geschmackseindrucks ist, treibt anderen die Tränen in die Augen. Was für die einen eine Speise erst interessant werden lässt, macht sie für andere ungenießbar.

Hier stoßen wir aber an die Grenze dessen, was man als „Geschmackssinn" bezeichnen kann. Schärfe ist nämlich streng genommen kein Geschmack. Es gibt keine Geschmacksknospen, die Schärfe registrieren, so wie wir Süße oder Säure wahrnehmen. Schärfe ist ein Gefühl.

In der Mundschleimhaut, aber auch auf der Zunge, in der Nase und sogar in den Augen haben wir Zellen mit TRPV-1-Ionenkanälen. Das sind winzige Schleusen in der Außenmembran der Zelle, die geöffnet oder geschlossen werden können. Werden die Ionenkanäle aktiviert, entsteht ein Nervenimpuls, der dann über den sogenannten Trigeminusnerv ans Gehirn weitergeleitet wird.

Das kann verschiedene Ursachen haben: Hitze zum Beispiel – die TRPV-1-Ionenkanäle können dem Gehirn den Schmerz einer akuten Verbrennung melden. Aber bestimmte Moleküle wie Capsaicin, das für die Schärfe von Chilischoten verantwortlich ist, aktivieren diese Ionenkanäle ebenso. Scharfer Geschmack ist also tatsächlich ein Hitze-Schmerz-Empfinden.

Und wenn uns die Chilischärfe dann zu viel wird, wir uns die Tränen aus den Augen wischen – mit Fingern, die vom Chilischneiden noch voller Capsaicin sind –, dann überfällt uns brennend heiß die Erkenntnis: Zwischen Schmecken und Fühlen gibt es engere Zusammenhänge, als man vielleicht gedacht hätte.

KAPITEL 5

FÜHLEN

Warum Schmerz eine gute Sache ist, warum wir fast immer genau wissen, wo unsere Beine sind, und warum ein nackter Astronaut im All frieren würde: Unsere Welt des Fühlens und Tastens setzt sich aus einer ganzen Reihe von Sinnen zusammen.

Im brodelnd heißen Wasser kochten die Nudeln, Ashlyn Blocker stand am Herd und rührte um. Doch plötzlich rutschte ihr der Löffel aus der Hand und verschwand im brennheißen Nudelwasser. Reflexartig, ganz ohne nachzudenken, griff sie hinein und holte den Löffel wieder heraus.

Das war ein Fehler. Ashlyn Blocker beobachtete, wie sich ihre Haut merkwürdig verfärbte. Sie hatte sich schwere Verbrennungen zugezogen – aber Schmerz spürte sie keinen. In den dreizehn Jahren ihres Lebens hatte sie überhaupt noch nie Schmerz empfunden. Schmerz kam in ihrer Wahrnehmungswelt einfach nicht vor.

Schon als Ashlyn ein kleines Kind war, führte das zu ernsten Problemen. Sie musste erst lernen, dass man die eigenen Finger nicht blutig beißen soll. Eines Tages wurde sie über hundertmal von Feuerameisen gestochen, während sie einfach nur interessiert zusah und „Käfer! Käfer!" rief. Zwei Tage lang lief sie mit gebrochenem Knöchel herum, bevor ihre Eltern erkannten, dass mit ihrem Fuß etwas nicht stimmt.

Schmerz ist eine ganz besondere Art der Sinneswahrnehmung: Es ist ein Sinn, der uns nicht über die Welt da draußen informiert, sondern über unseren eigenen Körper. Durch das Schmerzempfinden erhalten wir Daten, die es ohne uns gar nicht gäbe. Für unser Überleben ist das entscheidend: Menschen wie Ashlyn Blocker, die keinen Schmerz fühlen, leben in ständiger Gefahr, Verletzungen zu übersehen, Krankheiten zu ignorieren, sich schädlichen Einflüssen viel zu lange auszusetzen.

Ashlyn Blockers merkwürdige Schmerzunempfindlichkeit lag an einer seltenen Erbkrankheit: Durch genetische Mutationen kann es passieren, dass zwar bestimmte Nervensignale weitergeleitet werden können, andere aber nicht. Ashlyn Blockers Tastsinn funktionierte – sie konnte den Kochlöffel in ihrer Hand spüren. Sie konnte auch grob zwischen Wärme und Kälte unterscheiden. Was ihr fehlte, war das, was man die „affektive Komponente" des Schmerzes nennt: Sie spürte die Hitze des Nudelwassers, aber bei ihr war dieses Hitzeempfinden nicht automatisch ein unangenehmes Erlebnis, ihr fehlte der Drang, dieses Gefühl möglichst schnell wieder loszuwerden.

Was wir als „Fühlen" bezeichnen, könnte man also auch als Kombination aus mehreren Sinnen betrachten. Wir nehmen Schmerz wahr und Berührung, wir spüren Vibrationen und eine Dehnung der Haut, wir können Temperatur erkennen und haben ein Gefühl dafür, wo sich unsere Körperteile gerade befinden. All diese Wahrnehmungen sind eng miteinander verwoben, aber sie sind nicht dasselbe.

EIN GANZER ZOO AN SINNESZELLEN

Es gibt Sinneszellen, die sehr empfindlich darauf reagieren, verbogen zu werden. In ihrer Zellmembran befinden sich Proteine, die wie kleine Sicherheitstüren funktionieren: Sie können fest verschlossen sein, sie können aber auch geöffnet werden. Wenn nun eine Kraft auf die Zelle ausgeübt wird, zum Beispiel, weil wir unseren Finger gegen eine Tischplatte drücken, dann wird die Zellmembran ein bisschen verbogen, und damit verbiegen sich auch die Proteine.

Ähnlich wie das Ventil eines Schwimmreifens plötzlich Luft durchlässt, wenn man es ein bisschen zusammendrückt, können auch diese Proteine dann plötzlich durchlässig werden: Geladene Teilchen strömen hindurch, elektrische Ladung sammelt sich an, ein Nervensignal kann entstehen.

Aber nicht alle Zellen, die für das Tasten und Fühlen zuständig sind, funktionieren nach demselben Prinzip. Wir haben Zellen, die durch rasche Vibrationen aktiviert werden, andere erzeugen ein Signal, wenn man sie dehnt. Sogar von Temperaturzellen gibt es verschiedene Sorten: Manche Zellen melden sich bei Wärme, andere bei Kälte.

Sinneszellen unterscheiden sich auch darin, ob sie dauerhaft Signale liefern oder ob sie nur aktiv werden, wenn eine Veränderung eintritt. Wir erleben jeden Tag, dass wir auf Reizveränderungen ganz anders reagieren als auf gleichbleibende Reize. Wenn wir eine Armbanduhr anlegen oder eine Brille aufsetzen, dann spüren wir das, aber kurz darauf ist das Signal wieder verschwunden – obwohl der äußere Reiz eigentlich gleich bleibt. Wenn uns jemand ganz sanft auf die Schulter tippt, ist das eine plötzliche Veränderung, die wir sofort bemerken. Wenn aber dieselbe Kraft durch eine Umhängetasche dauerhaft auf unsere Schulter ausgeübt wird, dann fühlen wir das nach einer Weile kaum.

Das kann mit der Verarbeitung von Daten im Gehirn zu tun haben: Wir bewerten Informationen ununterbrochen und blenden aus, was uns unwichtig erscheint. Aber man konnte zeigen: Beim Tasten und Fühlen findet diese Unterscheidung nicht nur im Gehirn statt, sondern auch schon auf Ebene der Sensorzellen. Manche Zellen hören tatsächlich auf, ein Signal zu liefern, auch wenn der äußere Reiz noch andauert. Sie sind nur aktiv, wenn sich der äußere Reiz ändert.

Für manche Aufgaben brauchen wir aber auch Sinneszellen, die dauerhaft Signale liefern – zum Beispiel, wenn wir Objekte festhalten. Würden wir die Kaffeetasse nicht mehr spüren, wenn wir sie einige Sekunden lang in der Hand halten, könnten wir auch die Stärke unseres Griffs nicht mehr richtig dosieren und die Tasse würde uns aus der Hand fallen.

Man kann die Sinneszellen des Tastsinns auch noch danach einteilen, ob sie für einen eher kleinen oder eher großen Bereich der Haut zuständig sind. Das lässt sich recht einfach testen: Man setzt auf der Haut zwei verschiedene Reize und untersucht, ob sie tatsächlich als zwei getrennte Reize empfunden werden oder ob sie sich wie ein einziger Reiz anfühlen. Die Unterschiede zwischen verschiedenen Körperteilen sind bemerkenswert: Mit den Fingerspitzen können wir zwei Reize im Abstand von wenigen Millimetern registrieren. Am Rücken oder am Oberschenkel müssen zwei Reize mehrere Zentimeter voneinander entfernt sein, damit wir sie getrennt wahrnehmen. Kein Mensch kann mit dem Knie ein Buch in Brailleschrift lesen, ganz egal, wie lange man das trainiert.

Auch auf Vibrationen reagieren unsere Fingerspitzen äußerst sensibel. In einer Studie aus dem Jahr 2013 ließen Menschen ihre Finger über verschiedene Oberflächen gleiten, die mit unterschiedlichen Wellenmustern versehen waren. Die Frage war, wie tief diese Wellenmuster sein müssen, damit man sie mit den Fingern von einer glatten Oberfläche unterscheiden kann.

Dabei zeigte sich: Selbst eine Rauigkeit im Ausmaß von nur dreizehn Nanometern konnte immer noch von einer glatten Oberfläche unterschieden werden. Das ist ungefähr ein Millionstel der Fingerdicke. Wie verrückt ist es, dass Menschen so etwas spüren können? Es ist, als würde man ein riesengroßes Dach mit Ziegeln decken, die jeweils am Rand eine zwei Zentimeter hohe Kante haben – und dann streicht jemand mit einem zwanzig Kilometer großen Finger über dieses Dach und kann fühlen, dass es nicht glatt ist.

Eine wichtige Rolle dürfte dabei unser Fingerabdruck spielen. Die feinen Rillen auf unseren Fingerspitzen sorgen dafür, dass unsere Finger durch Oberflächenunebenheiten in Schwingung versetzt werden – und das registrieren wir. Vermutlich hat uns die Evolution genau deshalb mit Fingerabdrücken ausgestattet. Viele andere Säugetiere, etwa Katzen, Hunde oder Elefanten, haben keine Fingerabdrücke.

Außer beim Menschen findet man Fingerabdrücke auch noch bei unseren engsten Verwandten, bei Schimpansen, Gorillas oder Orang-Utans. Und erstaunlicherweise bei einer Tierart, die mit uns gar nicht besonders eng verwandt ist – nämlich beim Koala, einem Beutelsäuger mit einer Hand, die völlig anders geformt ist als unsere. Aber in einer bemerkenswerten Parallelentwicklung hat ihm die Evolution fast genau dieselben Fingerrillenmuster verpasst wie uns. Zum Glück für die Fingerabdruckdatenbank der australischen Polizei dürfte die Kriminalitätsrate unter Koalas aber eher gering sein.

EIN MINI-KÖRPER IM GEHIRN

Wenn wir mit unseren Fingern etwas fühlen, dann haben wir noch nichts wahrgenommen. Das Signal muss erst ins Gehirn geschickt werden, und dafür sind unterschiedliche Sorten von Nervenfasern verantwortlich. Wir haben dünne Nervenfasern, die Signale nur mit einer Geschwindigkeit von rund einem Meter pro Sekunde weiterleiten können. Sie übertragen zum Beispiel den dumpfen, schlecht lokalisierbaren Schmerz einer Entzündung.

Ein plötzlich auftretender Nadelstich wird anders transportiert, nämlich über stärkere Nervenfasern, die mit einer dicken Isolierschicht umgeben sind. Sie können Signale viel schneller weiterleiten – mit vielleicht fünfzig oder sogar hundert Metern pro Sekunde. Das ist schnell, aber doch viel langsamer als Signale in einem Glasfaserkabel, die sich fast mit Lichtgeschwindigkeit ausbreiten.

Was passiert also, wenn wir uns selbst in die Zehe zwicken? Vom Gehirn aus schicken wir unseren Fingern einen Zwickbefehl. Sobald dieser Befehl angekommen ist, bewegen sich die Finger. Unsere Augen sehen das. Erst danach kommt das Gefühl des Gezwicktwerdens im Gehirn an.

Wir haben es also mit mehreren Ereignissen zu tun: Ein Befehl, der vom Gehirn ausgeht, und verschiedene Wahrnehmungen, die zum Gehirn zurückgemeldet werden. Diese Ereignisse liegen Dutzende Millisekunden auseinander. Trotzdem haben wir den Eindruck, dass alles gleichzeitig passiert: Wir zwicken und spüren augenblicklich das Gezwicktwerden. Unser Bewusstsein fügt diese Ereignisse ganz automatisch zusammen. Der Eindruck von Gleichzeitigkeit ist eine Konstruktion – ein Gefühl, das erst nachträglich im Gehirn entsteht.

Die Gehirnregion, die Berührungs-, Tast- und Schmerzsignale verarbeitet, ist der somatosensorische Cortex. Er beginnt ungefähr am höchsten Punkt des Kopfes, ganz oben an der Schädeldecke, etwa in der Mitte zwischen Stirn und Hinterkopf, und verläuft dann rechts und links in einem schmalen Streifen Richtung Ohr.

Dieser Streifen der Körperwahrnehmung ist gewissermaßen eine Landkarte des Körpers: Jede Körperregion wird durch eine ganz bestimmte Gehirnregion repräsentiert. Signale aus benachbarten Körperteilen werden auch in benachbarten Hirnregionen verarbeitet. Die Stelle im Gehirn, die für Wahrnehmungen des Mittelfingers zuständig ist, liegt neben der Gehirnregion, die Daten des Ringfingers bekommt. Der Tastsinn der Zunge wohnt neben dem Tastsinn des Gesichts, weit weg von der Region, die den Tastsinn der Fußsohlen verarbeitet.

Allerdings wird nicht jeder Quadratzentimeter unseres Körpers von gleich großen Abschnitten im Gehirn repräsentiert. Für empfindliche Körperregionen wie Finger oder Lippen haben wir relativ große Gehirnbereiche, Tastinformation aus den Oberarmen oder Oberschenkeln braucht im Gehirn eher wenig Platz.

Diese Landkarte im Kopf kann sich im Lauf der Zeit auch ändern: Wenn man zum Beispiel einen Finger verliert, dann hat die Gehirnregion, die für Gefühl in diesem Finger zuständig war, keine Aufgabe mehr. Das bedeutet nicht, dass diese Gehirnzellen nun für den Rest des Lebens unbenutzt bleiben, sie können im Lauf der Zeit andere Funktionen übernehmen. Wenn ein verlorener Ringfinger keine Signale mehr liefert, dann wird die entsprechende Stelle im Gehirn irgendwann benutzt, um Information vom Mittelfinger und vom kleinen Finger zu verarbeiten – diese Finger bekommen dadurch also mehr Platz im Gehirn.

KÖRPER UND EMOTION: KANN MAN GEFÜHLE FÜHLEN?

Es gibt allerdings auch gefühlte Signale, die anders verarbeitet werden: Wenn wir über Körperkontakt soziale Bindungen aufbauen, wenn wir einander streicheln und emotional bedeutsame Berührungen spüren, dann ist nicht nur der klassische Tastsinn am Werk.

Eine eigene Sorte Nervenfasern, die sogenannten CT-Fasern, reagieren besonders auf langsames, sanftes Streicheln und leiten diese Signale ins Gehirn – allerdings nicht in den somatosensorischen Cortex, der für das Erkennen von Ort oder Druck einer Berührung zuständig ist. Stattdessen aktivieren sie vor allem die posteriore Insula, einen etwas versteckten Gehirnbereich tief in der Furche zwischen Schläfen- und Scheitellappen. Man könnte also sagen: Wir haben ein spezielles Sinnessystem fürs Gestreicheltwerden. Eines, das nicht Objekte erkennt, sondern Beziehungen.

Das ist ein Hinweis darauf, dass unser Sinn fürs Fühlen viel mit unseren Gefühlen zu tun hat. Körper und Emotion lassen sich nicht voneinander trennen. Wir kennen viele Situationen, in denen beides eng zusammenhängt: Wenn wir Angst haben, spüren wir manchmal Bauchschmerzen. Wenn wir eine Person treffen, in die wir schrecklich verliebt sind, spüren wir, wie sich unsere Herzfrequenz ändert. Wenn wir nervös sind, beginnen wir zu schwitzen oder zu zittern.

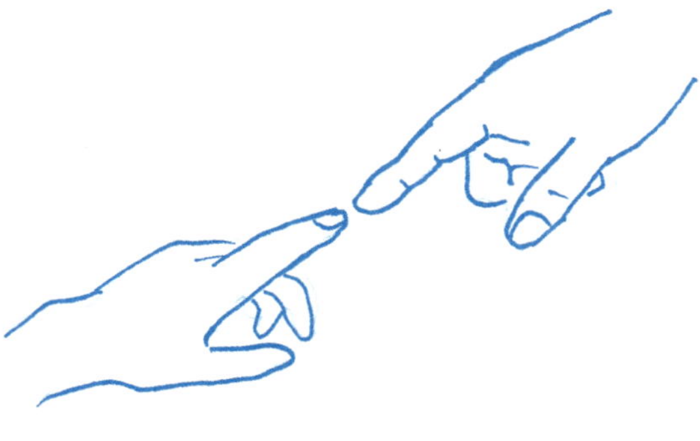

Der Neurowissenschaftler António Damásio untersuchte in den 1990er-Jahren den Zusammenhang zwischen Körper und Geist. Seine These war, dass unsere Fähigkeit, Entscheidungen zu treffen, eng mit körperlichen Zuständen zusammenhängt. Der Körper reagiert auf eine Situation – zum Beispiel durch Anspannung, Hormonausschüttung und Herzklopfen, und diese Signale werden wieder ans Gehirn gemeldet. Das Gehirn merkt sich das, es verknüpft bestimmte Situationen mit bestimmten körperlichen Reaktionsmustern.

Die Beeinflussung kann dann aber auch in die Gegenrichtung gehen: Wenn man später eine ähnliche Situation erlebt, können diese körperlichen Muster vom Gehirn neu aktiviert werden. Damásio bezeichnete sie als „somatische Marker“, eine Art emotionale Erinnerung, die mit Körpersignalen arbeitet. Wir müssen nur an die Prüfungssituation denken, die uns damals so gequält hat – und schon ist er wieder da, der Bauchschmerz von damals. Solche Verknüpfungen helfen uns, so vermutete Damásio, schnell und intuitiv Entscheidungen zu treffen. Wir entwickeln – im wörtlichen Sinn – ein „Gefühl“ für bestimmte Situationen.

Leider wurde die These der somatischen Marker aber in populärwissenschaftlichen Vorträgen und Büchern oft völlig verzerrt. Oft klang das dann so, als könne man Emotionen mit körperlichen Signalen beliebig ein- und ausschalten: „Du musst nur dauerhaft lächeln, dann glaubt dein Gehirn, du bist glücklich und passt deine Emotionen an!“ Oder: „Du musst einfach eine Power-Pose machen, die Arme in die Hüften stemmen, möglichst viel Raum einnehmen – dann schüttet dein Körper andere Hormone aus, du wirst selbstbewusster, und dann klappt es auch mit der Karriere!“

Als „Gesichts-Feedback-Hypothese“ wurde die Behauptung bezeichnet, dass man durch einen bewusst gewählten Gesichtsausdruck genau die Emotion erzeugen kann, die diesem Gesichtsausdruck entspricht. Und über die „Power-Pose“ wurden ganze Bestseller geschrieben. Beides wird inzwischen allerdings viel kritischer gesehen: Experimente, die ursprünglich vielversprechende Ergebnisse lieferten, konnten später nicht erfolgreich wiederholt werden, manche Daten werden heute viel vorsichtiger interpretiert.

Natürlich kann man an der eigenen inneren Einstellung arbeiten. Und selbstverständlich spielt Körperhaltung dabei eine Rolle. Aber tieftraurigen Menschen einzureden, sie müssten halt einfach nur lächeln, ist zynisch. Benachteiligten Personen zu sagen, sie bräuchten einfach nur eine Wonderwoman-Pose, um den gesellschaftlichen Aufstieg zu schaffen, ist absurd. Unsere Emotionen mögen mit unserem Körper zusammenhängen. Trotzdem sind sie real – sie lassen sich nicht einfach umschalten, indem man die Mundwinkel zum Lächeln zwingt.

WO IST HIER MEIN BEIN?

Zum Fühlen kann man auch die Propriozeption zählen – das ist ein wichtiger Sinn, den wir ununterbrochen benützen, über den wir aber kaum jemals nachdenken. Propriozeption verrät uns die Lage unserer eigenen Körperteile und überwacht ihre Bewegung im Raum. Wenn wir mitten in der Nacht aufwachen, dann wissen wir, wo unsere Arme sind. Uns ist völlig klar, ob wir unsere Beine gerade ausgestreckt oder abgewinkelt haben.

Viele Sensoren im ganzen Körper liefern die nötigen Daten dafür: Wir haben Sinneszellen, die registrieren, wie stark unsere Muskeln gedehnt sind, wie stark unsere Sehnen gespannt sind, wie sehr unsere Gelenke gerade abgewinkelt sind. All diese Informationen fügt das Gehirn zu einem Gesamtbild vom eigenen Körper zusammen – das ist die Propriozeption.

Wie wichtig das ist, zeigt der Fall von Ian Waterman: Als er neunzehn Jahre alt war, wurde er krank. Eine schlimme Nervenentzündung zerstörte seinen Propriozeptionssinn. Er konnte seine Körperteile zwar immer noch bewegen, sie gehorchten den Befehlen des Gehirns, aber das Gehirn erhielt keine Rückmeldung darüber, ob diese Bewegung auch tatsächlich ausgeführt worden war und wo sich dieser Teil des Körpers nun befand. Eine gezielte Steuerung des Körpers war damit unmöglich, Waterman konnte weder gehen noch sitzen oder selbstständig essen. Eine Heilung schien ausgeschlossen – Ian Waterman würde den Rest seines Lebens im Bett oder im Rollstuhl verbringen müssen, dachte man.

Aber Ian Waterman wollte sich damit nicht abfinden. Er begann intensiv zu trainieren, er übte unterschiedlichste Bewegungen und beobachtete sich dabei selbst. Wenn sein Körper die Information über die Position seiner Arme und Beine nicht automatisch liefern konnte, dann musste er dieses Problem eben mit seinen Augen ausgleichen. Und das gelang ihm – auch wenn es ihm ein hohes Maß an Konzentration abverlangte: Solange er sehen konnte, wie sich sein eigener Körper bewegte, konnte er diese Bewegungen steuern und anpassen, auch wenn ihm das Gefühl dafür fehlte.

Auf diese Weise holte sich Ian Waterman seine Bewegungsfähigkeit zurück – in einem Ausmaß, das man medizinisch vorher für unmöglich gehalten hatte. Er lernte, in normaler Geschwindigkeit zu gehen, und bewegte sich so zielsicher, dass anderen Leuten seine Motorik ganz normal vorkam.

Das Problem war nur: Wenn Waterman nichts sehen konnte, dann war es mit seiner Körperkontrolle vorbei. Beim Niesen die Augen zu schließen, war zum Beispiel höchst gefährlich. Waterman musste lernen, sich sicherheitshalber kurz hinzulegen, wenn er spürte, dass er niesen musste.

Seine Wohnung hatte ein altmodisches Elektrizitäts-Abrechnungssystem, bei dem man regelmäßig Münzen in den Zählerkasten einwerfen musste. War das Geld verbraucht, ging das Licht aus. Wenn das passierte, fiel Ian Waterman zu Boden und konnte ohne Hilfe nicht mehr aufstehen. Das geschah mehrmals, wie Waterman selbst berichtete – bis er seinen Vertrag umstellte und vierteljährlich bezahlte.

Propriozeption kann man auch gezielt überlisten – dazu präsentierte der Physiologe James Lackner 1988 ein merkwürdiges Experiment. Er verband Testpersonen die Augen, dann berührten sie mit den Fingern ihre Nase. Nun wurden ihre Armmuskeln mit einem elektrischen Signal gereizt, sodass die Sensoren der Propriozeption aktiviert wurden. Obwohl sich der Arm nicht bewegte, hatten die Testpersonen den Eindruck einer Bewegung. Es fühlte sich an, als wäre die Hand an einem anderen Ort als zuvor.

Aber wenn sich die Hand bewegt hat, während die Finger noch immer die Nasenspitze berühren – was bedeutet das dann? Das Gehirn der Versuchspersonen übersetzte das in die Empfindung „Meine Nase ist gewachsen". Manche berichteten von dem Gefühl, plötzlich eine dreißig Zentimeter längere Nase zu haben. Als „Pinocchio-Illusion" wird dieser Effekt bezeichnet.

HEISS UND KALT

Schmerzempfinden, emotionale Berührung, Propriozeption – das sind alles Bereiche des Fühlens, in denen es um unseren eigenen Körper geht. Aber wie ist das bei unserem Temperaturempfinden? Die Temperatur ist doch eine physikalisch klar definierte Eigenschaft der Außenwelt. Haben wir hier also endlich eine Komponente der Wirklichkeit gefunden, zu der wir einen direkten, unverfälschten sinnlichen Zugang haben? Nicht ganz. Auch unser Temperaturempfinden ist komplizierter, als man glauben könnte. Und manchmal ist auch Temperatur bloß Ansichtssache.

Physikalisch gesehen ist die Angelegenheit klar: Alles besteht aus kleinen Teilchen, die sich ununterbrochen bewegen. Und die Temperatur ist ein Maß für die Bewegungsenergie dieser Teilchen. Die Stickstoffmoleküle in unserer Luft rasen bei gewöhnlicher Raumtemperatur mit mehreren Hundert Metern pro Sekunde dahin, sie kollidieren ständig miteinander, prallen voneinander ab und tauschen Energie miteinander aus. Die Wasserstoffteilchen im Inneren der Sonne kommen sogar auf mehrere Hunderttausend Meter pro Sekunde.

Auch in festen Materialien, zum Beispiel in einem Stück Metall, bewegen sich die Teilchen. Allerdings fliegen sie dort nicht wild durcheinander, sonst würde sich das Metallstück sofort auflösen. Jedes Atom sitzt an einem festen Platz und wackelt ein bisschen. Diese Wackelbewegung ist winzig, kann aber ebenfalls sehr schnell sein. Ein wackelndes Atom in einer Eisenstange hat bei Zimmertemperatur im Durchschnitt eine Geschwindigkeit in der Größenordnung von Hunderten Metern pro Sekunde – nicht viel weniger als die Gasteilchen in der Luft.

Selbst wenn wir die Eisenstange an einem der kältesten Orte des Sonnensystems verstecken würden, im Hermite-Krater nahe am Nordpol des Mondes, wo nie ein Sonnenstrahl hinfällt und eine eisige Kälte von fast minus 250 Grad Celsius herrscht, würden sich die Eisenatome mit einer Geschwindigkeit von ungefähr hundert Metern pro Sekunde bewegen – ziemlich langsam für Teilchenverhältnisse, aber immer noch schneller als ein Rennwagen.

Was passiert nun, wenn wir zwei verschiedene Temperaturen miteinander in Kontakt bringen? Wenn wir zum Beispiel die Tür des heißen Backofens öffnen und ein Schwall heißer Kuchenduft-Teilchen in die Küche geweht wird, wo sie auf kühlere Luft-Teilchen prallen? Sie tauschen Energie aus. Die

Teilchen der heißeren Luft geben durch unzählige Stöße Energie ab und werden kühler, im kühleren Luftbereich nehmen die Teilchen durch Zusammenstöße zusätzliche Energie auf – dort wird es heißer.

Dasselbe passiert, wenn wir zwei feste Objekte miteinander in Kontakt bringen: Heftig vibrierende Teilchen einer warmen Handfläche können Energie auf die weniger heftig wackelnden Teilchen einer kalten Glasscheibe übertragen. Energie wandert von der Hand ins Glas, so lange, bis beide Seiten dieselbe Temperatur haben. Wenn zwei Dinge Kontakt zueinander haben und ausreichend viel Zeit hatten, Energie auszutauschen, dann haben sie dieselbe Temperatur. Das ist ein Naturgesetz.

Warum haben wir Menschen dann eine Körpertemperatur, die normalerweise deutlich höher ist als die Temperatur unserer Umgebung? Weil wir eine innere Wärmequelle haben. Wir erzeugen unsere Wärmeenergie selbst – wir sind also nicht unbedingt im Temperatur-Gleichgewicht mit unserer Umgebung, zumindest nicht, solange wir leben.

Aber bei unbelebten Objekten, die in direktem Kontakt zueinander stehen, ist die Sache einfacher. Wenn am Straßenrand ein Baumstamm neben einer Straßenlaterne steht, dann können wir davon ausgehen, dass beides ziemlich genau dieselbe Temperatur hat, denn beide Objekte befindet sich im Temperatur-Gleichgewicht mit der Luft.

Wie kann es dann aber sein, dass sich unterschiedliche Materialien oft völlig unterschiedlich warm anfühlen? Im Sommer ist Metall oft brennheiß, während Holz höchstens angenehm warm wird. Im Winter ist es umgekehrt: Da fühlt sich eine Metallstange bitterkalt an, und wenn man sie mit der feuchten Zunge berührt, kann es passieren, dass man festfriert. Wenn man im Winter einen Baum ableckt, erwischt man vielleicht versehentlich einen Borkenkäfer, aber festfrieren wird man nicht.

Dasselbe erleben wir, wenn wir im Sommer über einen angenehm warmen Holzsteg gehen und uns dann gleich daneben an einem heißen Kanaldeckel die Füße verbrennen. Oder wenn es sich im Winter bitterkalt anfühlt, auf einem glatten Stein zu sitzen, während das ebenso kalte Moos daneben viel wärmer erscheint. Was ist da los?

Was wir fühlen, ist nicht wirklich die Temperatur, sondern der Wärmefluss. Wenn wir etwas anfassen und Wärme von unseren Händen auf dieses Objekt übergeht, dann fühlt es sich kalt an. Wenn hingegen das Objekt seine Energie an unsere Hände abgibt, dann erscheint es uns warm.

Dieser Wärmefluss hängt aber nicht nur von der Temperatur ab, sondern auch von anderen Faktoren: Manche Materialien transportieren Temperatur viel besser als andere. Metalle sind normalerweise sehr gute Wärmeleiter – und zwar genau aus dem Grund, warum sie auch elektrischen Strom leiten: Im Metall befinden sich Elektronen, die sich frei bewegen. Sie können elektrischen Strom fließen lassen, sie können aber auch Wärmeenergie sehr rasch im Metall verteilen.

Das bedeutet: Wenn wir ein heißes Metallstück anfassen, nimmt unsere Hand die Wärmeenergie auf, neue Wärmeenergie wird vom Metall sofort nachgeliefert, schon im nächsten Augenblick kann unsere Hand noch mehr Wärmeenergie aufnehmen. Daher fühlt sich heißes Metall sehr heiß an.

Wenn wir ein kaltes Metallstück anfassen, haben wir es mit demselben Effekt zu tun, nur in umgekehrter Richtung: Das Metall kann die Wärme unserer Hand sehr schnell abtransportieren, die Hand spürt einen starken Wärmeverlust, das Metall fühlt sich extrem kalt an. Wenn wir ein Holzstück mit derselben Temperatur in der Hand halten, ist der Wärmetransport viel langsamer, das Wärme- oder Kältegefühl ist daher weit weniger ausgeprägt.

Entscheidend für unser Temperaturgefühl ist also, wie schnell oder langsam die Wärme transportiert wird. Wir spüren, wie rasch unser Körper Wärmeenergie aufnimmt oder abgibt. Das erklärt auch, warum man es bei trockener Luft in einer 100 Grad Celsius heißen Sauna einige Zeit lang ganz gut aushalten kann, während man in einem Wasserbad mit derselben Temperatur rasch zu Tode gekocht werden würde.

In beiden Fällen bewegen wir uns langfristig auf dasselbe Temperatur-Gleichgewicht zu: Irgendwann würde unser Körper theoretisch auch in der trockenen Sauna eine Temperatur von 100 Grad Celsius erreichen. Aber die Wärmeübertragung an trockener Luft ist viel weniger effizient als die Wärmeübertragung im Wasser. Unser Körper wärmt sich in der Sauna viel langsamer auf, deswegen fühlt sich dieselbe Temperatur viel weniger heiß an.

WÄRMESTRAHLUNG: SCHÖN WARM BEI MINUSGRADEN

Wärme kann aber nicht nur durch direkten Kontakt übertragen werden. Es gibt noch eine zweite Möglichkeit, wie wir Wärmeenergie abgeben oder aufnehmen können – nämlich durch ein Phänomen, das wir im Zusammenhang mit Licht schon kennengelernt haben: durch Wärmestrahlung.

Jedes Objekt sendet Wärmestrahlung aus – die Sonne, der Straßenbelag, wir selbst. Die Sonne ist so heiß, dass sie einen Teil ihrer Wärmestrahlung im sichtbaren Wellenlängenbereich aussendet. Menschen, Ziegelsteine oder Kaiserpinguine haben normalerweise deutlich niedrigere Temperaturen, sie erzeugen ihre Wärmestrahlung daher in einem Wellenlängenbereich, den wir mit unseren Augen nicht sehen können – es handelt sich um Infrarotstrahlung. Wir nehmen also ununterbrochen Wärmestrahlung aus unserer Umgebung auf, und wir geben ununterbrochen Wärmestrahlung an unsere Umgebung ab.

So kann es zum Beispiel sein, dass Menschen im tiefsten Winter direkt neben der Skipiste im Badeanzug in der Sonne liegen und sich ziemlich wohl fühlen, obwohl die Lufttemperatur vielleicht nur knapp über dem Gefrierpunkt liegt. Ein Grund dafür ist die schlechte Wärmeleitung der Luft, genau wie in der heißen Sauna. Aber entscheidend ist in diesem Fall die Sonneneinstrahlung.

Der Körper gibt durch direkten Kontakt mit der kühlen Luft zwar ständig Energie ab, aber gleichzeitig wird von der Sonne eine Menge Energie nachgeliefert. Insgesamt verliert der Körper nur wenig Energie, und so hat man das Gefühl: Es ist schön warm.

Das erklärt auch, dass wir dieselbe Temperatur zu unterschiedlichen Jahreszeiten unterschiedlich wahrnehmen: Wenn die Luft am Abend eines schönen Sommertags auf 20 Grad abkühlt, dann fühlt sich das immer noch angenehm an, und wir sitzen im T-Shirt auf der Terrasse. Wenn wir im Winter einen Raum auf 20 Grad heizen, tragen wir einen dicken Pullover und hätten es gerne wärmer.

Das ist nicht einfach nur Einbildung. Die Energiebilanz unseres Körpers sieht tatsächlich in diesen beiden Fällen ganz unterschiedlich aus: Im Sommer sind wir von warmen Wänden umgeben. Auch wenn die Luft kalt ist, trifft uns also Wärmestrahlung aus allen Richtungen. Im Winter sind die Wände kalt, sie erzeugen somit deutlich weniger Wärmestrahlung.

Unsere Körpertemperatur ist aber immer gleich – wir strahlen ständig Energie ab, nehmen aber im Winter weniger Strahlungsenergie auf als im Sommer. Das bedeutet: Wir kühlen im Winter rascher aus, auch wenn die Luft in beiden Fällen genau dieselbe Temperatur hat.

DER NACKTE ASTRONAUT IM ALL

Wie würde sich Temperatur in einem völlig luftleeren Raum anfühlen? Was würde zum Beispiel passieren, wenn man nackt aus einer Rakete springen und durchs Vakuum des Weltraums schweben würde? Klar ist: Es wäre eine ziemlich schmerzhafte Erfahrung. Aufgrund des extrem niedrigen Umgebungsdrucks würde die Flüssigkeit auf unserer Haut und unseren Augen verdampfen, ohne Gegendruck von außen würden die Lungenbläschen zerplatzen, und in kurzer Zeit würden wir ersticken. Aber ignorieren wir das alles, und stellen wir einfach nur die Frage: Würde uns dabei kalt werden?

Es gibt Science-Fiction-Filme, in denen ein im Weltraum abgenommener Helm sofort zum tödlichen Einfrieren des Kopfes führt. Das liegt vermutlich daran, dass beim Drehbuchschreiben jemand die Temperatur des Weltraums recherchiert hat und auf die beeindruckende Zahl von 3 Grad Kelvin gestoßen ist – das sind ungefähr minus 270 Grad Celsius.

Die Wirklichkeit sieht anders aus: Wenn es im Weltraum keine Luft gibt, keine Teilchen, die für Wärmeaustausch sorgen könnten, wie soll der Astronaut dann so rasch einfrieren? Das ist physikalisch unmöglich. Aber was passiert stattdessen? Und was soll es überhaupt bedeuten, dass der Weltraum 3 Grad Kelvin hat? Wie kann der Weltraum eine Temperatur haben, wenn dort gar nichts ist, das warm oder kalt sein könnte?

Diese Temperatur des Weltraums wird einfach über die Wärmestrahlung definiert. Auch im Vakuum des intergalaktischen Raums, wo überhaupt keine Teilchen herumschwirren, befindet sich immer noch ein kleines bisschen Wärmestrahlung – es ist ein Überrest aus der Frühzeit des Universums, knapp nach dem Urknall, als das ganze Weltall ein brennend heißes Gewimmel von Teilchen war. Inzwischen ist es abgekühlt und der winzige verbleibende Rest dieser Wärmestrahlung entspricht dem, was ein Objekt mit 3 Grad Kelvin abstrahlen würde.

Das bedeutet: Ein Astronaut, der von einem mörderischen Weltraumbösewicht ohne Schutzanzug weit weg von jedem Stern aus einer Rakete geworfen wird, bekommt vom Weltraum nur sehr wenig Wärmestrahlung ab. Er selbst sendet aber trotzdem ununterbrochen Wärmestrahlung aus, er verliert insgesamt also Energie.

Man kühlt im Weltraum nicht auf dieselbe Art aus wie in der Antarktis – dort erfriert man, weil man in Kontakt mit kalten Luftteilchen kommt. Im Weltraum kühlt man aus, weil man kontinuierlich Wärme abstrahlt, ohne von anderswo nennenswerte Mengen von Wärmestrahlung zu absorbieren.

Man kann rechnerisch grob abschätzen, wie viel Energie man dabei verlieren würde, und kommt zu dem Ergebnis: Die Körpertemperatur würde innerhalb von fünf Minuten um ungefähr ein Grad sinken. Das ist kein plötzliches Einfrieren, aber doch eine rasante Abkühlung.

Nun können wir abschätzen, wie kalt es auf der Erde in gewöhnlicher Luft sein müsste, um ähnlich schnell auszukühlen wie ohne Luft im Weltraum – dann kommt man auf ungefähr minus 17 Grad Celsius. Bei dieser Temperatur würde man ähnlich schnell auskühlen, wie man im Weltraum nur durch Abstrahlung auskühlen würde. Das bedeutet also: Der Weltraum würde sich verflucht kalt anfühlen.

Dabei sind wir davon ausgegangen, dass sich der Astronaut weit entfernt von jedem Stern befindet – oder zumindest auf der Schattenseite der Erde. Wenn er von der Sonne angestrahlt wird, sieht die Sache natürlich wieder ganz anders aus. Außerdem kann man den Vergleich nur als sehr grobe Abschätzung betrachten, schließlich fühlen sich minus 17 Grad Celsius nicht immer gleich an, das hängt vom Wind ab, von der Luftfeuchtigkeit und vielen anderen Faktoren.

Aber der entscheidende Punkt solcher Gedankenspiele ist: Unser Wärme- und Kälteempfinden funktioniert nicht wie ein Thermometer. Wir haben präzise physikalische Definitionen für „Temperatur" – und wir haben ein Temperaturempfinden. Aber diese beiden Dinge beschreiben nicht dasselbe. Es sind zwei verschiedene Konzepte. Was wir als „Temperaturgefühl" wahrnehmen, hat nicht nur mit Temperatur zu tun, sondern auch mit Wärmestrahlung, mit Wind, mit Materialeigenschaften.

TEMPERATUR IST RELATIV

Was heißt das nun? Bedeutet das, dass unser Temperaturempfinden unpräzise ist? Dass uns unsere Sinne trügen, wenn wir Kälte oder Wärme spüren? Dass es eine Illusion ist, wenn uns 17 Grad kaltes Wasser viel kälter vorkommt als Luft derselben Temperatur?

Genauso gut kann man die Sache auch umdrehen: Warm ist, was sich warm anfühlt. Unsere Temperaturempfindung ist eine Tatsache. Wenn die Physik diese Tatsache schlecht beschreibt, wenn sie uns Definitionen liefert, die zu unserer Wahrnehmung nicht gut passen, dann ist das ein Problem der physikalischen Beschreibung – nicht ein Problem unserer Wahrnehmung.

Wissenschaft ist dazu da, uns in unserem Lebensalltag zu helfen und uns zu erklären, wie wir ein bisschen Ordnung in die bunte Vielfalt unserer Wahrnehmung bringen können. Es nicht unsere Aufgabe, unsere Wahrnehmung an das anzupassen, was sich in möglichst einfachen Formeln beschreiben lässt.

Wenn wir über Temperatur sprechen, müssen wir also klarstellen, was wir eigentlich meinen: Reden wir von der physikalischen Welt da draußen – von der Welt der Teilchen und elektromagnetischen Wellen? Dort hat eine 100-Grad-Sauna genau dieselbe Temperatur wie Ashlyn Blockers Wassertopf, in dem die Nudeln kochten. Oder reden wir von der Welt in unserem Kopf, von der Welt, in der wir unsere Empfindungen und Gefühle sortieren? Dann ist Temperatur etwas komplizierter – und manchmal auch gar nicht so präzise zu definieren. Beides kann gleichzeitig richtig sein.

N
S

KAPITEL 6

DER SECHSTE SINN

Warum es wenig Sinn hat, die Sinne zu zählen, warum es nützlich sein kann, einen Hai mit Eisenstangen zu ärgern, und warum übersinnliche Wahrnehmungen gar nicht nötig sind: Wir Menschen machen gemeinsam Aspekte der Wirklichkeit wahrnehmbar, für die uns die Natur gar keine Sinnesorgane gegeben hat.

Tief im australischen Outback, im Norden von Queensland, leben die Guugu Yimithirr. Sie bewohnten diese Gegend schon, als der britische Seefahrer James Cook im Jahr 1770 mit seinem Schiff anlegte, erstmals hoppelnde Beuteltiere mit spitzen Ohren und langen Schwänzen sah, und von den Guugu Yimithirr das Wort „Känguru" lernte.

Die Sprache der Guugu Yimithirr ist etwas ganz Besonderes. Die meisten Sprachen der Welt haben Wörter wie „links", „rechts", „davor" oder „dahinter". Mit ihnen beschreibt man die räumliche Lage von Objekten, ihre Bedeutung hängt aber davon ab, wo sich die sprechende Person gerade befindet. Mein Links ist möglicherweise etwas anderes als dein Links. Das Känguru mag vor dem Baum sitzen, aber von der anderen Seite betrachtet sitzt es hinter dem Baum.

Solche relativen Richtungswörter fehlen aber in der Sprache der Guugu Yimithirr. Stattdessen verwenden sie absolute Bezeichnungen, ähnlich wie unsere Himmelsrichtungen. „Das Känguru sitzt östlich des Baumes", würden die Guugu Yimithirr etwa sagen. Oder „Der Becher steht am südlichen Rand des westlichen Tisches". Und wenn man Platz machen soll, dann wird man vielleicht aufgefordert, ein Stückchen nach Norden zu rücken.

Eine solche Sprache funktioniert natürlich nur dann, wenn man jederzeit die Himmelsrichtungen im Kopf hat – am Tag und bei Nacht, draußen wie in Innenräumen. Und die Guugu Yimithirr sind darin tatsächlich bemerkenswert gut, sie lernen das schon als Kinder. Wenn man sie auf Wanderungen fragt, in welcher Richtung ein bestimmter weit entfernter Punkt liegt, dann zeigen sie tatsächlich sehr schnell, ohne viel nachzudenken, fast exakt in die richtige Richtung, wie der britische Sozialforscher Stephen C. Levinson berichtete.

Diese Fähigkeit beeinflusst nicht nur die gesprochene Sprache, sondern auch die Gestik: Wenn ich erzähle, wie mich beim Spazierengehen ein schlecht gelaunter Rabe von links attackiert hat, dann werde ich dabei vermutlich instinktiv nach links deuten, in die Richtung, die in meiner Geschichte die wichtigste Rolle spielt. Angehörige der Guugu Yimithirr hingegen würden in die Himmelsrichtung deuten, aus der die Rabenattacke kam – also mal nach rechts, mal nach links, je nach der aktuellen Blickrichtung.

Wie ist das möglich? Haben die Guugu Yimithirr einen sechsten Sinn? Nein. Es gibt kein geheimnisvolles zusätzliches Sinnesorgan, das ihnen Daten über die Himmelsrichtungen liefert, wie ein kleiner im Körper eingebauter Kompass. Sie nehmen dieselben Informationen auf wie andere Leute auch – sie haben nur besser trainiert, sie im Kopf zu verarbeiten und aus ihnen die richtigen Schlüsse zu ziehen.

Man könnte sagen: Der menschliche Orientierungssinn ist ein indirekter Sinn. Er ist ein Sinn ohne eigenes Sinnesorgan. Das gilt auch für Orientierungsfähigkeiten, die weniger spektakulär sind als die der Guugu Yimithirr. Wenn wir nachts ins Badezimmer tapsen, ohne das Licht einzuschalten, dann orientieren wir uns durch den Tastsinn. Wenn es hell ist, verlassen wir uns eher auf unsere Augen. Blinde Menschen, die Echolokation trainiert haben, orientieren sich nach ihrem Gehör. Woher die Information kommt, ist nicht so wichtig. Entscheidend ist das Gefühl, genau zu wissen, wo man ist. Ein spezielles Sinnesorgan für diesen Zweck ist gar nicht unbedingt nötig.

DIE QUANTENPHYSIK DER TAUBE

Wie ist das bei anderen Lebewesen? Wie findet etwa eine Brieftaube wieder nach Hause, wenn man sie Hunderte Kilometer entfernt aussetzt? Diese Frage stellte sich der Ornithologe Hans Wallraff in den 1960er-Jahren – und er machte sich mit erstaunlicher Hingabe Gedanken darüber, wie man den Tauben das Leben so schwer wie möglich machen kann.

Merken sich die Tauben unterwegs markante Punkte und finden dadurch wieder zurück? Um das auszuschließen, wurden die Tiere in undurchsichtigen Containern transportiert. Nehmen sie vielleicht verschiedene Gerüche wahr, an denen sie sich orientieren? Um diese Möglichkeit zu eliminieren, wurden die Tiere unterwegs mit Luft aus mitgebrachten Luftflaschen versorgt. Vielleicht nutzen die Tauben das Magnetfeld der Erde? Man setzte sie unterwegs einem künstlichen Magnetfeld aus, das jeden Kompass verrücktspielen lassen würde. Aber auch wenn man ohne jeden Kontakt zur Außenwelt in einem verschlossenen Behälter transportiert wird, spürt man doch immer noch, ob man eine Rechts- oder Linkskurve macht. Was ist, wenn sich die Tiere dadurch den Weg merken können? Um auch diese Möglichkeit auszuschließen, verwendete Wallraff einen rotierenden Apparat, in dem die Brieftrauben mit einer Geschwindigkeit von eineinhalb Umdrehungen pro Sekunde im Kreis gedreht wurden.

Das klingt nicht besonders tierfreundlich. Wenn man Menschen stundenlang mit eineinhalb Umdrehungen pro Sekunde im Kreis dreht, finden sie danach vermutlich nicht einmal mehr ins eigene Badezimmer. Aber der Orientierungssinn der Brieftauben ließ sich nicht einmal dadurch ausschalten: Sie fanden danach immer noch nach Hause.

Hans Wallraff konnte schließlich zeigen: Der Orientierungssinn der Brieftauben ist nicht ein bestimmter Sinn, der auf einem bestimmten Sinnesorgan beruht. Er ist eine Kombination unterschiedlicher Komponenten. Gerüche, markante Orientierungspunkte wie Berge oder Seen – die Tauben verknüpfen eine ganze Reihe verschiedener Wahrnehmungen, um sich zurechtzufinden. Genau wie beim Menschen entsteht der Orientierungssinn auch bei der Taube durch die Verarbeitung verschiedener Daten im Gehirn.

Trotzdem hat die Taube einen entscheidenden Vorteil gegenüber dem Menschen: Sie kann tatsächlich Himmelsrichtungen spüren. Sie hat einen Magnetsinn, mit dem sie das Magnetfeld der Erde wahrnehmen kann – das ließ sich in Laborexperimenten nachweisen. Man setzte eine Taube in einen Käfig, in dem man mit einer großen Magnetspule unterschiedliche Magnetfelder erzeugen konnte. Im Käfig gab es zwei verschiedene Futterstellen, an denen sich die Taube eine Belohnung holen konnte. Allerdings war immer nur eine der beiden Futterstellen in Betrieb. Welche gerade aktiv war, wurde der Taube durch die Richtung des Magnetfelds angezeigt.

Wenn die Taube bei solchen Experimenten irgendwann lernt, die richtige Futterstelle zu wählen, dann bedeutet das: Sie muss das Magnetfeld irgendwie wahrnehmen können. Das gelang tatsächlich – zumindest ein bisschen. Die Tauben irrten sich häufig, aber ihre Trefferquote lag immerhin deutlich über dem Wert von fünfzig Prozent, den man erwarten würde, wenn die Tauben einfach nur zufällig raten. Damit ist klar: Es gibt so etwas wie einen Magnetfeldsinn.

Aber mit welchem Sinnesorgan machen die Tauben das, und was genau passiert dabei? Das ist bis heute nicht ganz klar. Man spekulierte, dass Tauben vielleicht im Schnabel magnetische Partikel haben könnten, die sich mit dem Magnetfeld drehen. Das scheint heute eher unwahrscheinlich.

Bei manchen Zugvögeln geht man davon aus, dass der Magnetfeldsinn in ihren Augen sitzt. Dort befinden sich nämlich sogenannten Cryptochrome – das sind Proteine, die auf Licht reagieren. Das klingt zunächst noch nicht ungewöhnlich. Die Rezeptorzellen unserer Netzhaut, mit der wir verschiedene Farben sehen können, machen das auch.

Doch die Cryptochrome funktionieren ein bisschen anders als die üblichen Lichtrezeptoren: Wenn sie von einfallendem Licht aktiviert werden, dann bilden sie sogenannte Radikalpaare – das sind Moleküle mit ungepaarten Elektronen, die sehr empfindlich auf schwache Magnetfelder reagieren, wie ein atomarer Mini-Kompass.

Durch subtile quantenphysikalische Effekte werden diese Elektronen nun vom Erdmagnetfeld beeinflusst, und das entscheidet darüber, ob bestimmte chemische Prozesse mit größerer oder kleinerer Wahrscheinlichkeit ablaufen.

Der Vogel hat also ein Protein im Auge, das sich verändern kann – und die Wahrscheinlichkeit dieser Änderung hängt vom Magnetfeld ab. Das bedeutet: Der Vogel kann in gewissem Sinn das Magnetfeld der Erde „sehen". Der Norden sieht anders aus als der Osten – vermutlich auf eine Weise, die wir uns als Menschen nicht ansatzweise vorstellen können.

Das ist auch deswegen bemerkenswert, weil Quantenphysik in der Biologie meistens keine große Rolle spielt. Wenn man Quanteneffekte beobachten will, muss man im Physiklabor meist einen ziemlich großen Aufwand treiben: Man muss winzig kleine Teilchen sorgfältig von ihrer Umgebung abschirmen, weil die Quanteneffekte sonst sehr leicht kaputtgehen. Oft führt man die Experimente in speziellen Vakuumkammern durch, oft braucht man dazu auch extrem tiefe Temperaturen, um jede Störung zu verhindern.

Ein Vogelauge allerdings ist warm und feucht und eng mit dem Rest des Vogels verbunden. Es ist genau die Art von Umgebung, in der man eigentlich erwarten würde, dass Quanteneffekte überhaupt keine Rolle spielen. Aber die Evolution hat es trotzdem geschafft, im Vogelauge die Gesetze der Quantenphysik auszunützen – der Magnet-Vogel-Quanteneffekt funktioniert offensichtlich bestens.

Inzwischen hat man Magnet-Spürsinne bei einer ganzen Reihe verschiedener Tierarten gefunden: nicht nur bei Vögeln, sondern auch bei Meeresschildkröten, Lachsen und einigen anderen Fischen. Bei manchen Spezies ist die wissenschaftliche Faktenlage nicht ganz klar – und zu dieser Gruppe gehört auch der Mensch. Es gibt Hinweise darauf, dass schwache Magnetfelder zumindest einen leichten Einfluss auf unsere Nervensignale haben können, auch wenn wir sie nicht bewusst wahrnehmen.

DER HAI, DER ELEKTRODEN BISS

In der Wissenschaft gibt es sehr unterschiedliche Aufgaben zu erledigen. Manchmal muss man hochkomplizierte Gleichungen lösen. Manchmal muss man auch einfach die Glasbehälter im Labor schrubben. Und manchmal hat man die Aufgabe, einem Hai die Augen zu verbinden und ihn mit langen Stäben zu kitzeln. Genau das war das Experiment, das der Physiologe Sven Dijkgraaf im Jahr 1935 durchführte.

Er stellte fest: Wenn er sich dem Hai mit einer rostigen Metallspitze näherte, dann wich der Hai zurück, und zwar einige Zentimeter bevor er in Kontakt mit der Metallspitze kam. Einen Glasstab hingegen schien der Hai erst bei direkter Berührung zu bemerken.

Ähnliche Experimente waren vorher schon mit Welsen durchgeführt worden, denen man spezielle Augenbinden aus Leder gebastelt hatte. Sven Dijkgraafs Kollege Ad Kalmijn untersuchte die Sache aber genauer und konnte zeigen: Es handelt sich um eine bis dahin völlig unbekannte Art der Sinneswahrnehmung – um Elektrorezeption. Manche Fische, wie Haie, Welse oder Rochen, können extrem schwache elektrische Felder registrieren. Der Metallstab kann solche Felder erzeugen, der Glasstab hingegen nicht, deswegen wird er vom Fisch nicht bemerkt.

Für ein Raubtier wie den Hai ist das eine extrem nützliche Fähigkeit, denn all seine Beutetiere produzieren ständig schwache elektrische Signale. Wenn sich Muskeln bewegen, wenn Gehirne denken, wenn Herzen schlagen, dann entstehen immer auch schwache elektrische Pulse, die sich im Wasser ausbreiten.

Man verpackte Beutefische in geleeartigem Material, sodass die Haie sie weder sehen noch riechen konnten. Das elektrische Signal der Fische allerdings blieb spürbar, und die Haie schnappten zu. Dann probierte man, ein solches Signal künstlich herzustellen: Man stellte die elektrischen Pulse eines Fisches mit zwei Elektroden nach. Die Haie spürten auch diese Pulse sofort, hielten die Elektroden für Beute und attackierten sie.

Auf diese Weise konnte schließlich ein wissenschaftliches Rätsel gelöst werden, das bis ins 17. Jahrhundert zurückreicht. Damals hatte der italienische Naturforscher Stefano Lorenzini nämlich entdeckt, dass manche Fische im Kopfbereich kleine mit Gel gefüllte Kanäle haben. Wofür diese „Lorenzinischen

Ampullen" aber nützlich sein könnten, wusste man zu dieser Zeit noch nicht.

Es schien naheliegend, dass es sich um irgendwelche Sinnesorgane handeln könnte – aber wofür? Für Druck, dachten manche, für Temperatur, glaubten andere. Oder vielleicht für den Salzgehalt des Wassers? Die richtige Antwort konnte man damals noch nicht finden, denn Elektrizität war damals noch gar nicht bekannt. Erst nach den Hai-Experimenten im 20. Jahrhundert wurde klar, dass diese Lorenzinischen Ampullen hochsensible Elektrosensoren sind. Durch die kleinen Kanälchen können elektrische Felder in die Haut des Fisches eindringen, im Inneren werden sie dann von speziellen Sinneszellen wahrgenommen.

Wie erstaunlich sensibel der Elektrosinn dieser Fische ist, lässt sich in menschlichen Maßstäben kaum ausdrücken. Die gewöhnlichen Steckdosen in Europa liefern eine Spannung von 230 Volt – zwischen zwei kleinen Löchern, die ungefähr zwei Zentimeter voneinander entfernt sind. Zwischen ihnen ergibt sich somit ein elektrisches Feld von 115 Volt pro Zentimeter. Um einen elektrischen Funken zwischen zwei Drähten zu erzeugen, braucht man viel stärkere Felder – etwa 30.000 Volt pro Zentimeter. Haie allerdings können unvorstellbar winzige elektrische Felder von einigen Milliardstel Volt pro Zentimeter spüren – das ist ungefähr so, als würde man die Spannung einer gewöhnlichen Batterie an einen ganzen Ozean anlegen, mit einer Elektrode im Nordmeer und der anderen Elektrode am Äquator.

HAT ES SINN, DIE SINNE ZU ZÄHLEN?

Manche Tiere haben also ein Wahrnehmungsorgan, das uns Menschen fehlt. Sie haben einen Zugang zur Realität, den unser Körper nicht ermöglicht. Man könnte sagen: Sie haben einen „sechsten Sinn". Oder einen siebten, achten oder zwölften? Wie zählt man die Sinne? Wie viele Sinne haben wir Menschen nun eigentlich? Das lässt sich gar nicht so leicht beantworten.

Beim Hören und Sehen ist die Sache noch ziemlich klar: Das sind zwei verschiedene Sinne, die auf zwei ganz bestimmte physikalische Phänomene reagieren – auf Schallwellen und Licht. Beim Riechen und Schmecken wird es schon komplizierter: Sollte man die zusammen als einen chemischen Sinn betrachten? Oder sind es zwei getrennte Sinne? Oder haben wir Hunderte verschiedene chemische Sinne, weil wir Hunderte verschiedene Geruchs- und Geschmacksrezeptoren haben?

Richtig verwirrend wird es dann beim Fühlen: Dazu zählen wir eine ganze Familie von Sinnen, die eigentlich recht unterschiedlich sind – Schmerzempfindung, Temperaturempfindung, Propriozeption. Gehört das zusammen? Sind das mehrere Sinne?

Wie ist das mit unserem Gleichgewichtssinn? Der kommt in den üblichen Aufzählungen der klassischen fünf Sinne gar nicht vor. Das Gleichgewichtsorgan sitzt im Innenohr. In kleinen Behältern aus Knochenmaterial befindet sich eine Flüssigkeit. Wenn wir den Kopf bewegen, dann schwappt die Flüssigkeit herum, dadurch werden über feine Härchen Sinneszellen im Inneren der Knochenbehälter gereizt. Das erinnert an akustische Wahrnehmung, die gleich daneben in der Cochlea stattfindet – auch dort werden mechanische Bewegungen einer Flüssigkeit in Nervensignale umgewandelt.

Aber heißt das jetzt, Gleichgewicht ist ein Nebeneffekt des Hörens? Oder zählen wir den Gleichgewichtssinn zum Fühlen? Eigentlich ist das Gleichgewichtsempfinden ein eigener Sinn, den man getrennt von den anderen betrachten kann.

Was ist mit Hunger, Durst oder Harndrang? Sind das alles Sinne? Und was ist mit Sinneswahrnehmungen, auf die unser Bewusstsein keinen Zugriff hat? Unser Körper hat Sensoren für Blutdruck, für den Blutzuckerspiegel oder die Sauerstoffsättigung im Blut. Ihre Signale sind wichtig für uns – trotzdem können wir nicht einfach in uns gehen und mal genau erfühlen, wie hoch unser Blutdruck ist. Sind das nun also Sinne oder nicht?

Das ist letztlich nicht wissenschaftlich zu beantworten. Solche Einteilungen sind nun einmal Ansichtssache. Dass wir unsere menschlichen Wahrnehmungen üblicherweise in fünf Sinne sortieren, hat jedenfalls eher historische als naturwissenschaftliche Gründe.

PARANORMALES UND ÜBERSINNLICHES

Wenn jemand von einem „sechsten Sinn" spricht, ist normalerweise weder der elektrische Sinn der Haie gemeint noch das erstaunlich zuverlässige Gespür dafür, dringend aufs Klo zu müssen. Beim „sechsten Sinn" denken wir eher an mysteriöse Geschichten von übernatürlichen Sinneswahrnehmungen – zum Beispiel die Fähigkeit, Gedanken anderer Menschen zu lesen.

Wie das funktionieren könnte, ist völlig unklar. Wir haben keine Ahnung, welches Organ so etwas ermöglichen würde. Wir wissen nicht, durch welchen physikalischen Effekt ein magischer Gedankenübertragungssinn funktionieren soll. Aber das ist auch völlig egal. Wenn man herausfinden möchte, ob es übersinnliche Fähigkeiten gibt, muss man nicht wissen, wie sie zu erklären sind.

Wenn es einen sechsten Sinn gäbe, dann könnte man ihn wissenschaftlich untersuchen – genau wie man den mysteriösen Elektrosinn der Haie erforschen konnte, ohne zu wissen, welches Organ den Hai elektrische Felder spüren lässt. Und solche Untersuchungen gab es immer wieder: Schon im 19. Jahrhundert begann man, paranormale Phänomene zu studieren. Man beschäftigte sich mit Wahrsagerei und

Spiritismus und versuchte, Fotos von Geistern zu machen – freilich ohne überzeugenden Erfolg.

In der New-Age-Bewegung der 1970er-Jahre erhielt diese Forschungsrichtung dann zusätzlichen Schwung. Während des Kalten Kriegs gab es plötzlich Gerüchte, die Sowjetunion hätte große Summen ausgegeben, um mit übersinnlichen Fähigkeiten militärische Geheimnisse aufzudecken. In den USA wollte man das nicht einfach hinnehmen: Wenn die Sowjets Hellseherei lernen, dann muss die Armee der USA das doch auch können!

In Menlo Park, an der Stanford University, startete man ein Untersuchungsprogramm dazu. Sogar die NASA half bei der Finanzierung des Projekts. Eine Versuchsperson spazierte draußen herum und versuchte, durch Gedankenübertragung eine zweite Versuchsperson zu beeinflussen, die im Labor saß und dort irgendwie „spüren" sollte, was die andere Person draußen gerade erlebte.

Die Experimente waren nicht erfolgreich: Überzeugende Belege für übersinnliche Wahrnehmungen fand man nicht. Allerdings sind solche vagen Behauptungen schwer zu überprüfen: Irgendwelche zufälligen Ähnlichkeiten zwischen dem, was die eine Person draußen sieht, und dem, was die andere Person im Labor errät, wird man immer finden. Wie misst man, ob das nun Gedankenübertragung war oder nicht?

Leichter zu analysieren sind Tests mit sogenannten Zener-Karten. Sie wurden speziell dafür entwickelt, übersinnliche Phänomene zu untersuchen. Auf jeder Karte ist eines von fünf möglichen Symbolen zu sehen: ein Kreis, ein Kreuz, drei Wellen, ein Quadrat oder ein Stern. Eine Testperson zieht eine Karte und versucht dann, das Symbol durch pure Konzentration in den Kopf einer anderen Person zu senden. Die andere Person schreibt auf, welches Symbol ihr in den Sinn kommt, und am Schluss wird ausgewertet, ob die gesendeten Symbole mit den empfangenen Symbolen übereinstimmen.

Bei fünf verschiedenen Symbolen hat man immer eine Wahrscheinlichkeit von einem Fünftel, durch bloßes Raten richtig zu liegen. Ist die Erfolgsquote höher, könnte theoretisch ein unbekannter Effekt am Werk sein. Ein Beispiel für einen solchen Test beschrieb der italienische Psychologe Massimo Polidoro im Jahr 2018.

Polidoro war gebeten worden, eine Mutter und eine Tochter zu untersuchen, die angeblich telepathisch auf außergewöhnliche Weise miteinander verbunden waren. Die zwei Frauen saßen einander gegenüber und sahen einander in die Augen. Beide notierten ihre Symbole – die eine das gesendete, die andere das angeblich telepathisch empfangene. Am Ende verglich man ihre Aufzeichnungen, und tatsächlich: Fast immer stimmten die Angaben überein.

Allerdings: Dass Mütter und Töchter einander Information am Gesicht ablesen können, ist nicht unbedingt eine große Überraschung. Die beiden könnten einander zum Beispiel durch einen simplen Code mit Augenbewegungen signalisieren, welches Symbol gerade gezogen worden war. Es kann auch sein, dass die beiden solche Codes im Lauf der Zeit unbewusst entwickeln, ohne betrügen zu wollen.

Massimo Polidoro errichtete daher eine Barriere zwischen den beiden Frauen. Ohne direkten Sichtkontakt brach ihre Erfolgsquote drastisch ein. Aber immer noch gab es eine ganz unspektakuläre Erklärung für mögliche verbleibende

Treffer: Die Symbole auf den Zener-Karten werden alle mit unterschiedlichen Anzahlen von Strichen gezeichnet – und das kann man hören. Ein Kreis erzeugt ein Geräusch, zwei gekreuzte Linien zwei, drei Wellenlinien drei, ein Quadrat vier und ein fünfzackiger Stern fünf.

Daher bat Massimo Polidoro die beiden Versuchspersonen, die Symbole nicht auf Papier zu notieren, sondern auf einem elektronischen Tablet, sodass dabei kein Geräusch entstand. Und nun war es endgültig vorbei mit den übersinnlichen Fähigkeiten: Die Trefferquote lag genau dort, wo man es nach den Gesetzen der Zufallsmathematik erwarten würde.

Man lernt bei solchen Experimenten also üblicherweise recht wenig über einen magischen „sechsten Sinn", oft aber sehr viel über menschliche Psychologie, über den menschlichen Tendenz, sich selbst hinters Licht zu führen, über den menschlichen Drang, Muster zu sehen, wo in Wirklichkeit nur der Zufall regiert.

Bei Diskussionen über paranormale Fähigkeiten sollte man nie vergessen: Solche Behauptungen wurden immer wieder mit großem Aufwand und vollem Ernst wissenschaftlich untersucht – und das ist auch gut so. Auch verrückte Phänomene, für die wir noch keine Erklärung haben, sollten erforscht werden. Manchmal lösen sie sich dann bei näherer Betrachtung eben in nichts auf, wie bei den Zener-Karten. Dann weiß man wenigstens, dass man sie nicht weiter erforschen muss. Und manchmal stößt man dabei auch auf faszinierende neue Erkenntnisse, wie etwa beim Magnetsinn der Tauben.

Gedankenübertragung oder Wahrsagerei sind nicht gescheitert, weil sie von irgendeiner Wissenschaftspolizei als unwissenschaftlich, unpassend oder unanständig betrachtet wurden, sondern ganz einfach deshalb, weil sie keine zuverlässigen Ergebnisse hervorbrachten. Weil die Behauptungen nicht mit den Beobachtungen übereinstimmten. Weil es nicht gelingt, mit irgendwelchen magischen, übersinnlichen Fähigkeiten eine Erfahrung über die Welt zu machen, die über gewöhnliche sinnliche Erfahrung hinausgeht.

Aber brauchen wir das überhaupt? Was hätten wir eigentlich gewonnen, wenn man irgendeine paranormale Fähigkeit tatsächlich nachweisen könnte? Ist es nicht merkwürdig, dass sich Menschen immer wieder so sehr wünschen, übersinnliche Fähigkeiten zu entdecken, wenn wir doch eigentlich viel erstaunlichere, viel zuverlässigere, viel übersinnlichere Fähigkeiten Tag für Tag verwenden?

Wir haben Richtmikrofone erfunden und Mobilfunk, wir haben Wärmebildkameras und Elektronenmikroskope, wir haben chemische Sensoren und Satellitennavigationssysteme. Wir Menschen haben in jahrtausendelanger Zusammenarbeit Methoden entwickelt, Dinge wahrzunehmen, die wir mit unseren natürlichen angeborenen Sinnen niemals entdecken könnten. Das geschieht nicht auf magische, übernatürliche Weise, sondern durch Wissenschaft und Technik.

Ist es deshalb weniger wunderbar? Ist es nicht die viel interessantere Leistung, neue Fähigkeiten zu entwickeln, die man erklären, analysieren und verbessern kann? Wir übertragen Gedanken von einem Kopf zum anderen – durch Funksignale und Mobiltelefone. Ist das nicht viel aufregender als die Behauptung, irgendwelche Kartensymbole magisch übertragen zu können? Wir können das Wetter von übermorgen vorhersagen – mit Satellitenbildern und Wettercomputern. Ist das nicht viel beeindruckender als die Behauptung, die Zukunft aus einer Kristallkugel abzulesen?

Wir Menschen haben damit einen entscheidenden neuen Schritt in der Evolutionsgeschichte gemacht: Es gibt viele Tiere, die Werkzeuge benutzen. Schimpansen suchen passende Steine, um Nüsse zu knacken. Krähen schneiden Blätter in die passende Form, um Larven zu naschen. Delfine ziehen sich als Schutzkleidung einen Schwamm über die Schnauze, um sich bei der Nahrungssuche zwischen scharfkantigen Korallen nicht zu verletzen. Aber keines dieser Tiere baut Werkzeuge, mit denen es die Grenzen seiner Sinneswahrnehmung erweitern kann. Der Mensch ist die einzige bekannte Spezies, die gezielt Methoden entwickelt, zusätzliche Informationen über die Welt zu erhalten. Es gibt viele Beispiele aus der Technikgeschichte, wie das auf beeindruckende Weise gelungen ist.

DAS PFERD FRISST KEINEN GURKENSALAT

Als der deutsche Physiklehrer Philipp Reis im Herbst 1861 einige interessierte Leute zu sich nach Hause einlud, um ihnen in seinem Wohnzimmer seine neue Bastelei vorzuführen, war vermutlich niemandem klar, dass es sich um ein Ereignis historischer Tragweite handeln würde. Philipp Reis experimentierte damals mit elektrischem Strom, und er hatte sich in den Kopf gesetzt, Töne und Sprache über elektrische Kabel zu übertragen.

Er hatte dafür eine Art „künstliches Ohr" entwickelt: Über einen Schalltrichter war ein Stück Naturdarm gespannt, diese Membran wurde von Schallwellen in Schwingungen versetzt, ähnlich wie das Trommelfell. Im Ohr bewegt das Trommelfell dann das Gehörknöchelchen, in der Konstruktion von Philipp Reis bewegte die Membran ein kleines Platinstück. Wenn man in den Schalltrichter sprach, begann das Platinstück hin und her zu wackeln, dadurch wurde ein Stromkreis geöffnet und geschlossen, und so entstand ein Stromsignal, das man dann mit einem Kabel weiterleiten konnte.

Dieses künstliche Ohr installierte Philipp Reis in einer kleinen Scheune hinter seinem Wohnhaus. Das Kabel war mit einem Empfangsgerät im Wohnzimmer verbunden. Es war an eine Spule aus Kupferdraht angeschlossen. Wenn durch das Kabel Strom floss, entstand in der Spule ein Magnetfeld, und dieses Magnetfeld bewegte eine Stricknadel. Die Stricknadel wiederum war mit einem kleinen Kästchen verbunden, das als Resonanzkörper diente – angeblich eine Zigarrenkiste.

So wurde das Stromsignal in ein Wackeln der Stricknadel und in eine Schwingung des Resonanzkörpers übersetzt, und diese Schwingung konnte man dann hören. Philipp Reis hatte sich auch bereits einen Namen für seine merkwürdige Bastelei überlegt: Er nannte sie „Telephon“.

Man kann sich vorstellen, dass man auf diese Weise keine überwältigende Tonqualität erzielen kann. Aber nach einigem Tüfteln funktionierte dieses merkwürdige Stricknadeltelefon immerhin so gut, dass man zumindest manche gesprochenen Wörter wiedererkennen konnte. Und genau das wollte Philipp Reis an diesem Tag demonstrieren. Ein befreundeter Musiklehrer hatte die Aufgabe, in der Scheune probeweise Sätze in den Schalltrichter zu sprechen, Philipp Reis stand vor seinem Publikum am Empfangsgerät im Wohnzimmer und lauschte.

Damit niemand behaupten konnte, Philipp Reis hätte die Botschaft bereits gekannt oder zufällig erraten, entschied sich der Musiklehrer in der Scheune ganz bewusst für etwas Ungewöhnliches, Unsinniges: „Das Pferd frisst keinen Gurkensalat“, sprach er in den Schalltrichter – das wurde somit zum ersten Satz, der jemals über ein Telefon übertragen wurde. Philipp Reis erkannte zwar nur die Worte „das Pferd frisst“ – der Gurkensalat blieb unverständlich. Aber immerhin: Man hatte bewiesen, dass Sprache über eine elektrische Leitung übertragen werden kann.

Was war Philipp Reis hier nun eigentlich gelungen? Er hatte ein künstliches Sinnesorgan konstruiert – ein elektrisches Ohr, und zusätzlich auch noch einen elektrischen Sprechapparat. Und auf diese Weise hatte er eigentlich auch ein Gerät erfunden, mit dem man Gedanken übertragen konnte. Damals von seiner Scheune ins Wohnzimmer – bald darauf über Unterseekabel quer über die ganze Erde.

RÖNTGEN IST VERRÜCKT GEWORDEN

Auch an „künstlichen Augen" wurde damals geforscht: Mitte des 19. Jahrhunderts waren die ersten einigermaßen praxistauglichen Fotografie-Apparate entstanden. Der Physiker Willhelm Röntgen interessierte sich allerdings zunächst für ganz andere Dinge. In seinem Labor in Würzburg beschleunigte er Elektronen und ließ sie dann mit großer Wucht auf verschiedene Materialien prallen.

Eines Tages, im Jahr 1895, lag auf seinem Labortisch zufällig auch ein Blatt Papier, das mit Bariumplatincyanid beschichtet war. Röntgen führte wieder seine Elektronen-Experimente durch – und das Papier begann zu leuchten. Beim Abbremsen der Elektronen war eine mysteriöse Art von Strahlung entstanden, die man zwar nicht sehen konnte, die aber das Spezialpapier dazu brachte, leuchtend hell zu fluoreszieren.

Das wirklich Seltsame daran war allerdings: Diese neuartige Strahlung schien verschiedene Materialien durchdringen zu können. Auch wenn Röntgen eine undurchsichtige Platte zwischen Elektronenröhre und Spezialpapier hielt, leuchtete das Papier noch immer.

Willhelm Röntgen war nun besessen davon, dieses Phänomen genau zu untersuchen. Tag und Nacht arbeitete er, sogar sein Bett ließ er sich ins Labor transportieren. Anfangs verriet er nicht viel von seiner Entdeckung. Er erklärte nur, dass er an etwas forschte, von dem die Leute, wenn sie es erfahren, sagen würden: „Der Röntgen ist wohl verrückt geworden!"

Als er eines Tages mit bloßen Händen verschiedene Objekte in den Strahl hielt, um herauszufinden, ob sie vom Strahl durchdrungen werden, machte er eine erstaunliche Entdeckung: Röntgen stellte fest, dass die Strahlung auf dem fluoreszierenden Schirm ein Bild seiner Knochen erscheinen ließ. Offenbar konnte der Strahl Haut und Muskeln durchdringen, die Knochen aber nicht. Kurz darauf fertigte Willhelm Röntgen das erste bis heute erhaltene Röntgenbild der Geschichte an: Er bildete die Hand seiner Frau ab, mitsamt ihrem Ehering.

Röntgen hatte die Röntgenstrahlung entdeckt – dafür erhielt er 1901 den allerersten Physik-Nobelpreis. Er hatte damit eine neue Art der Fotografie erfunden: Eine Fotografie für eine Sorte Licht, die unsere Augen nicht wahrnehmen. Eine Abbildungsmethode für einen Wellenlängenbereich, in dem ein Großteil des menschlichen Körpers durchsichtig ist und man einen direkten Blick auf die Knochen werfen kann.

EUER PLANET STINKT!

Künstliche Augen und Ohren sind inzwischen ganz alltäglich geworden. Wir verschicken Fotos und Tonaufnahmen, wir speichern im Urlaub den Anblick des Meeres ab, in einem Gerät, das uns als elektronische Gedächtniserweiterung dient. Künstliche Nasen hingegen verwenden wir weniger häufig. Doch auch sie funktionieren inzwischen weit präziser als ihre natürlichen Vorgänger.

Es gibt verschiedene Möglichkeiten, künstliche Schnupper-Maschinen zu bauen. Eine davon beruht auf Lichtwellen, besonders auf Strahlung im unsichtbaren Infrarotbereich. Unterschiedliche Moleküle absorbieren unterschiedliche Wellenlängen. Wenn man also eine gasförmige oder flüssige Probe mit vielen verschiedenen Wellenlängen durchleuchtet und dann untersucht, welche Wellenlängen durchgelassen und welche verschluckt werden, dann kann man daraus schließen, welche Moleküle sich in der Probe befinden.

Ein besonderer Vorteil dieser Methode ist, dass sie auch aus der Ferne funktioniert: Man muss die Moleküle nicht direkt in Kontakt mit einer Nase bringen. Es genügt, Lichtwellen zu analysieren. Dadurch kann man auch an Objekten schnüffeln, ohne sich ihnen jemals zu nähern.

Eine Forscherin, der mit dieser Methode ein spektakulärer Durchbruch gelang, war Cecilia Payne-Gaposchkin, eine britische Astronomin, die in den 1920er-Jahren die Zusammensetzung von Sternen untersuchte. Sie analysierte die Lichtwellen, die von der Sonne produziert werden und dann durch die Sonnenatmosphäre hindurch zur Erde gelangen. Manche Wellenlängen werden dabei von der Sonnenatmosphäre stark abgeschwächt, andere nicht. Dadurch konnte Cecilia Payne-Gaposchkin zeigen, dass die Sonnenatmosphäre aus Wasserstoff und Helium besteht.

Nach demselben Prinzip, aber mit viel empfindlicheren Messgeräten können wir heute noch viel weiter in den Weltraum hinausschnuppern: Ungefähr 64 Lichtjahre von uns entfernt befindet sich der Stern HD 189733. Er ist eigentlich nichts Besonderes – ein bisschen kleiner, ein bisschen weniger heiß, ein bisschen leuchtschwächer als unsere Sonne. Aber er hat einen bemerkenswerten Planeten – mit dem ziemlich einfallslosen Namen HD 189733b.

Dieser Planet ist ein heißer Gasriese, größer als der Planet Jupiter. Er kreist auf einer recht engen Umlaufbahn um seinen Stern, und zwar so, dass er von der Erde aus betrachtet immer wieder für einige Zeit direkt vor seinem Stern zu sehen ist.

Wenn das passiert, dringen Lichtstrahlen des Sterns am Rand des Planeten durch seine Atmosphäre. Ein Teil des Sternenlichts wird von der Planetenatmosphäre weggefiltert, der Rest gelangt zu uns und kann mit einem Weltraumteleskop analysiert werden.

Auf diese Weise können wir herausfinden, welche Moleküle sich in der Atmosphäre des Planeten befinden. Und dabei stellt man fest: Dort gibt es Wasserdampf, Kohlendioxid und Kohlenmonoxid. Außerdem kann man Schwefelwasserstoff nachweisen, der für den Geruch von faulen Eiern verantwortlich ist.

Wir wissen damit also: HD 189733b stinkt. Das können wir sagen, ohne dass jemals ein Mensch auch nur einen Hauch dieser Planetenatmosphäre eingeatmet hat. Niemand von uns war jemals dort, niemand von uns wird jemals dort sein. Aber weil wir Lichtsignale vermessen können, die 64 Jahre lang quer durch den Weltraum zu uns unterwegs waren, können wir uns eine ziemlich präzise Vorstellung davon machen, wie unsere Wahrnehmung wäre, wenn wir unsere Nase in das Gas dieses Planeten stecken könnten.

WIE FÜHLEN SICH ATOME AN?

Auch künstliche Tastinstrumente gibt es längst. Wir haben Berührungssensoren, Temperaturfühler, Vibrationsdetektoren. Das vielleicht beeindruckendste Beispiel für „künstliches Tasten" ist das Rasterkraftmikroskop, das in den 1980er-Jahren erfunden wurde.

Das Prinzip ist äußerst einfach: Man braucht zunächst eine extrem spitze Nadel. Ihre Spitze besteht im Idealfall nur aus einem einzigen Atom. Diese Nadel wird nun an einem kleinen Hebel befestigt, sodass sie nach unten zeigt. Dann führt man diesen Hebel mitsamt der Nadel vorsichtig an eine Oberfläche heran, die man untersuchen möchte.

Wenn das unterste Atom der Nadelspitze den obersten Atomen der Oberfläche sehr nahe kommt, dann wirken zwischen ihnen atomare Kräfte. Je nachdem, um welche Atome es sich handelt, wird die Nadelspitze ein kleines bisschen angezogen oder abgestoßen. Die Nadel rückt ein winziges Stück nach oben oder unten, der Hebel wird ganz geringfügig verbogen.

Diese Verbiegung des Hebels lässt sich aber sehr präzise messen: Auf dem Hebel platziert man einen winzigen Spiegel, der von einem Laserstrahl angeleuchtet wird. Wenn sich der Spiegel auch nur ein kleines Stück bewegt, wird der Laserstrahl abgelenkt – und dadurch weiß man, welche Kraft an dieser Stelle auf die Nadelspitze ausgeübt wurde.

Diese Methode ist so sensibel, dass man damit einzelne Atome auf einer Oberfläche ertasten kann. Die Ergebnisse kann man dann in ein Bild umrechnen, auf dem man genau sieht, welches Atom an welcher Stelle sitzt.

DAS TEILCHEN IM POLAREIS

Wir haben also für all unsere Sinne technische Alternativen entwickelt, die deutlich mächtiger sind als natürliche Sinnesorgane. Wir können elektromagnetische Wellenlängen messen, von kilometerlangen Radiowellen bis zu atomkernkleinen Gammastrahlen, die kein Lebewesen auf unserem Planeten wahrnehmen kann. Wir können Ultraschall besser detektieren als Fledermäuse, wir können Infraschall nachweisen, den nicht einmal Elefanten spüren. Wir können winzige Spuren von chemischen Stoffen nachweisen, die selbst der Nase eines trainierten Spürhundes verborgen bleiben. Wir können Unebenheiten auf atomarer Ebene fühlen, winzige Temperaturschwankungen erkennen und kleinste Vibrationen messen.

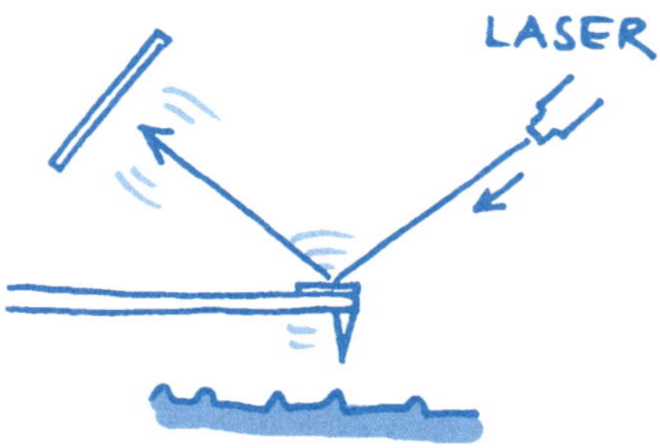

Wir haben aber sogar noch mehr erreicht: Wir Menschen haben im Lauf der Zeit herausgefunden, dass die physische Welt Aspekte hat, für die es in der Natur überhaupt keine Sinnesorgane gibt. Und selbst diese Aspekte können wir erforschen.

Zu den seltsamsten Objekten, die wir jemals entdeckt haben, gehören Neutrinos. Das sind winzige, subatomare Teilchen, die unter anderem im Inneren der Sonne entstehen und dann fast mit Lichtgeschwindigkeit ins Weltall geschossen werden. In jeder Sekunde durchdringen Milliarden dieser Neutrinos jeden Quadratzentimeter unseres Körpers – aber wir bemerken nichts davon.

Das liegt daran, dass Neutrinos praktisch keine Wechselwirkung mit Atomen zeigen. Ein Neutrino und ein Atom können sich problemlos am selben Ort befinden, ohne einander zu beeinflussen – ähnlich wie gleichzeitig Sonntag und April sein kann. Oder Mittagszeit und Frühling. Das eine hat mit dem anderen einfach nichts zu tun.

Wenn ein Neutrino die Erde trifft, ist die Wahrscheinlichkeit sehr groß, dass es den gesamten Planeten durchquert, ohne auf diesem Weg irgendeine Wechselwirkung mit irgendeinem Atom zu spüren. Für ein Neutrino ist die Erde durchsichtiger als eine frisch geputzte Fensterscheibe für einen Sonnenstrahl.

Das bedeutet, dass die allermeisten Neutrinos auch durch jedes Messgerät hindurchfliegen, ohne irgendeinen Effekt auszulösen. Um Neutrinos nachzuweisen, braucht man extrem große, aufwändige Messgeräte – und sehr, sehr viele Neutrinos.

Eine der Anlagen, die man dafür gebaut hat, befindet sich im ewigen Eis der Antarktis. Das IceCube Neutrino Observatory steht fast exakt am geographischen Südpol der Erde, auf einer kilometerdicken Schicht von uraltem, hochreinem Eis. In ungefähr eineinhalb Kilometern Tiefe steht dieses Eis unter so hohem Druck, dass fast alle Luftbläschen zusammengequetscht wurden. Es gibt dort kaum Risse, Spalten oder Lufteinschlüsse – nur perfektes, glasklares, durchsichtiges Eis.

Genau das ist eine hervorragende Umgebung, um Neutrinos aufzuspüren. Denn auch wenn jedes einzelne Neutrino mit hoher Wahrscheinlichkeit die Erde durchquert, ohne irgendeine Wechselwirkung zu zeigen – wenn man einen kilometergroßen Eisblock hat, der ununterbrochen von unzähligen Neutrinos durchquert wird, dann wird es doch ab und zu passieren, dass ein Neutrino mit einem Molekül des Eisblocks zusammenstößt. Dabei können geladene Teilchen entstehen, die einen winzigen Lichtblitz erzeugen.

Wenn man Neutrinos nachweisen will, muss man sich also auf die Suche nach diesen charakteristischen Lichtblitzen machen. Und dafür muss man Lichtdetektoren kilometertief in Eis versenken. Jahrelang wurden mit heißem Wasser Löcher ins ewige Eis geschmolzen, um dann Lichtsensoren in die Tiefe hinunterzulassen – insgesamt mehr als fünftausend. Die Löcher froren wieder zu, die Sensoren überwachen nun den glasklaren Eisblock, um den sie angeordnet sind und melden automatisch, wenn etwas Spektakuläres passiert.

Genau das geschah im Jahr 2017. Am Südpol herrschte noch Polarnacht, die Temperatur lag bei ungefähr minus fünfzig Grad, der Großteil des Neutrino-Forschungsteams war gar nicht vor Ort. Aber plötzlich registrierte das Detektorsystem etwas Außergewöhnliches: Ein Neutrino mit einer Energie von 290 Tera-Elektronenvolt war gemessen worden. Das ist ungefähr so viel wie die Bewegungsenergie eines größeren Insekts in gemächlichem Flug – aber für ein fast masseloses subatomares Teilchen ist das eine gewaltige Menge. Es ist über zehntausendmal mehr als die Energie der Neutrinos, die man üblicherweise am Teilchenbeschleuniger des CERN in Genf erzeugt.

Durch die vielen Lichtdetektoren tief im Eis konnte man dieses Neutrino nicht nur nachweisen, sondern auch messen, aus welcher Richtung es gekommen war – nämlich aus dem Sternbild Orion. Ein automatischer Alarm wurde ausgelöst, große Teleskope auf der ganzen Welt wurden in Richtung Orion gedreht, um sich anzusehen, was dort gerade passiert.

Und tatsächlich stellte man fest: Aus dieser Himmelsregion kamen nicht nur Neutrinos, sondern auch sichtbares Licht, Röntgenstrahlen und Radiowellen. Schuld daran war ein sogenannter Blazar – das ist der Kern einer weit entfernten Galaxie, der gewaltige Strahlungs-Jets in die Tiefen des Alls hinausschießt, und dabei manchmal die Erde trifft.

Das war ein sehr überzeugendes Zeichen dafür, dass der Neutrino-Detektor im ewigen Eis tatsächlich funktioniert: Seine Daten wurden mit anderen Methoden bestätigt. Verschiedene astronomische „Sinnesorgane“ konnten miteinander verglichen werden, und sie alle deuteten auf einen Blazar im Sternbild Orion hin. Es ist, als würde man eine Katze streicheln, sie gleichzeitig sehen und schnurren hören. Dann kann man sich mit großer Zuversicht darauf verlassen: Was man hier gesehen hat, ist tatsächlich eine Katze.

DIE DUNKLE SEITE DES UNIVERSUMS

Aber vielleicht gibt es Dinge, die noch viel schwieriger nachzuweisen sind als Neutrinos. Wäre es nicht denkbar, dass irgendwo da draußen im Universum etwas verborgen ist, das für uns ganz prinzipiell nicht wahrnehmbar ist? Kann es fremdartige Substanzen geben, die mit unseren Sinnesorganen einfach nichts zu tun haben und die man auch mit den klügsten technischen Tricks nicht nachweisen kann?

Nein, eigentlich nicht. Natürlich kann mich niemand daran hindern, mir eine neue Art von Materie auszudenken, die grundsätzlich nicht wahrnehmbar ist. Stellen wir uns vor, es gibt eine unbekannte Teilchensorte, nennen wir sie „Apathonen“. Diese Apathonen interagieren in keiner Weise mit irgendwelchen anderen Teilchen. Sie sind nicht elektrisch geladen, daher spüren sie keine elektromagnetischen Kräfte, sie haben keine Masse, daher spüren sie keine Gravitation, sie flitzen einfach durch den Weltraum, ohne sich darum kümmern zu müssen, was sich ihnen in den Weg stellt. Gewöhnliche Materie ist für die Apathonen perfekt durchsichtig. Sie können ungebremst durch Sterne rasen – schließlich gibt es keine Kraft, mit der ein Stern das Apathon beeinflussen könnte.

In diesem Fall gäbe es tatsächlich keine Hoffnung, diese Teilchen jemals zu messen. Allerdings: Dann gäbe es diese Teilchen auch nicht. Wenn sie keinen Einfluss auf unser Universum haben, dann sind sie nicht da. Dann können sie keine Wirkung auf irgendetwas haben, was in unserem Universum passiert. Dann sind sie nicht Teil des Netzes aus Ursachen und Wirkungen, die alles verbinden, was in unserem Universum geschieht. Damit sind sie definitionsgemäß nicht Teil unseres Universums. Sie sind dann genauso wenig real wie ein farbenblinder Poltergeist mit Katzenhaarallergie, den ich mir gerade ausgedacht habe. Über Apathonen nachzugrübeln ist genauso sinnlos wie über den Musikgeschmack einer Primzahl zu spekulieren. Musikgeschmack und Primzahlen berühren einander nicht, sie wohnen in völlig getrennten Sphären.

Wenn etwas Teil unseres Universums ist, dann muss es einen Einfluss auf etwas haben können – und dann ist es prinzipiell auch möglich, es zu erforschen. Das vielleicht radikalste Beispiel dafür, dass so etwas auch in sehr schwierigen Fällen gelingen kann, ist die Dunkle Materie.

In den 1970er-Jahren beschäftigte sich die Astronomin Vera Rubin gemeinsam mit ihrem Kollegen Kent Ford in Washington mit dem Licht ferner Galaxien. Wie unser Sonnensystem funktioniert, war damals schon lange bestens bekannt: Die Planeten bewegen sich auf ungefähr kreisförmigen Bahnen um die Sonne. Planeten, die sich sehr nahe an der Sonne befinden, spüren eine sehr starke Anziehungskraft, daher bewegen sie sich sehr schnell. Planeten, die sich weit draußen in den äußeren Gegenden des Sonnensystems befinden, spüren die Gravitation der Sonne nur noch schwach, sie bewegen sich nur sehr langsam.

Vera Rubin wollte nun wissen: Verhalten sich Galaxien auch so? In einer Galaxie bewegen sich Sterne um das galaktische Zentrum, ganz ähnlich wie sich im Sonnensystem die Planeten um den zentralen Stern bewegen. Man würde also nach den Gesetzen der Schwerkraft erwarten, dass sich die Geschwindigkeiten der Sterne genauso verhalten wie die Geschwindigkeiten der Planeten: Sterne, die sich nahe am galaktischen Zentrum befinden, sollten sich schnell bewegen, Sterne weit draußen in den äußeren Gegenden der Galaxie sollten eher langsam sein.

Rubin und Ford untersuchten also die Geschwindigkeiten verschiedener Sterne in verschiedenen Galaxien – und erlebten eine völlig unerwartete Überraschung: Die Sterne schienen sich nicht an die kosmischen Spielregeln der Schwerkraft zu halten. Sie bewegten sich alle ungefähr gleich schnell um das Zentrum ihrer Galaxie – ziemlich unabhängig davon, ob sie dem galaktischen Zentrum nah oder fern waren.

Vera Rubin erkannte: Die Sterne bewegten sich so, als gäbe es in der Galaxie noch zusätzliche Masse – eine unbekannte Art „Dunkle Materie", die man nicht sehen kann, die aber durch ihre Gravitation die Bahn der Sterne beeinflusst. Wenn man davon ausgeht, dass Galaxien in eine ungefähr kugelförmige Wolke aus Dunkler Materie eingebettet sind, dann lassen sich die Geschwindigkeiten der Sterne wunderbar erklären.

Rubin konnte dieses Phänomen an vielen verschiedenen Galaxien nachweisen. Und im Lauf der Zeit stellte sich heraus: Dunkle Materie kann auch noch eine ganze Reihe anderer Beobachtungen erklären. Sie erlaubt uns nicht nur, die Rotation von Galaxien zu verstehen, sie verrät uns auch, wie sich die Galaxien zueinander bewegen, wie sie das Licht weit entfernter Objekte ablenken und wie sich aus zufälligen Unregelmäßigkeiten im jungen Universum die großen kosmischen Strukturen entwickeln konnten, die wir heute sehen.

Dunkle Materie ist wohl die rätselhafteste Substanz, auf die wir in der Geschichte der Wissenschaft jemals gestoßen sind. Noch nie haben wir etwas entdeckt, das schwerer zu fassen, zu analysieren und zu messen war. Sie scheint auf bekannte Materie überhaupt keinen Einfluss zu haben – abgesehen von der Gravitation. Und trotzdem ist es uns Menschen gelungen, erstaunlich viel über Dunkle Materie zu lernen: Wir wissen heute, wie sie verteilt ist, welche Galaxien viel oder wenig Dunkle Materie haben und welche Rolle sie in vergangenen Epochen der Geschichte unseres Universums gespielt hat.

Auch wenn Dunkle Materie unseren natürlich angeborenen Sinnen nicht zugänglich ist: Wir können über sie nachdenken – so lange, bis sie Sinn ergibt. Wir können über Dunkle Materie reden, wir können neue Theorien über sie entwickeln, wir können gemeinsam überlegen, wie die merkwürdigen Beobachtungen ferner Galaxien zu dem passen, was wir bereits wissen.

Dunkle Materie aufzuspüren, das ist keine Sinneswahrnehmung wie Riechen oder Fühlen. Es ist eher so etwas wie der Orientierungssinn: Eine Leistung, die sich aus der Verarbeitung von Daten ergibt, die wir mit Sinnesorganen aufnehmen können, die sonst andere Aufgaben erfüllen. Aber es ist sogar noch komplizierter als das: Es ist eine Form der Wahrnehmung, die prinzipiell nicht von einem einzelnen Menschen zu bewältigen ist. Vielleicht kann man es mit dem besonderen Orientierungssinn der Guugu Yimithirr vergleichen, der nur dadurch entstehen kann, dass die Guugu Yimithirr laufend über Himmelsrichtungen reden, sie zu einem ständigen Thema machen und einander gegenseitig in Erinnerung rufen, wo Norden, Süden, Osten und Westen ist.

Kein Mensch, nicht einmal Vera Rubin, kann ganz allein Dunkle Materie beobachten. Man braucht dafür Leute, die Teleskope konstruieren. Leute, die Sternfarben messen. Leute, die physikalische Theorien entwickeln, erweitern und anwenden. So entsteht etwas ganz Neues – eine Art Gemeinschaftssinn. Der sechste Sinn – das ist das, was wir gemeinsam herausfinden. Der sechste Sinn – das ist die Wissenschaft.

KAPITEL 7

DIE WIRKLICHKEIT IST AUCH NICHT WAHR

Die vier Ebenen der Welt, die seltsame Streitfrage, ob es Fische überhaupt gibt, und die Erkenntnis, dass unsere Wirklichkeit viel mehr ist als Elementarteilchen und Energie: Die wirklich wichtige Welt ist nicht die Welt da draußen, sondern die Welt in unserem Kopf.

„Helfen Sie mir! Ich habe alle meine Pillen genommen!", konnte der junge Patient in der Notaufnahme eines US-amerikanischen Krankenhauses noch sagen, dann brach er zusammen. Als er stürzte, fiel eine leere Tablettendose zu Boden, es handelte sich um ein experimentelles neues Medikament gegen Depression.

Der Mann hatte sich für eine klinische Studie gemeldet, in der dieses neue Antidepressivum wissenschaftlich untersucht werden sollte. Im ersten Monat schien es gut zu wirken: Seine Stimmung besserte sich deutlich. Doch dann kam es zu einem heftigen Streit mit seiner Freundin – und das setzte ihm so sehr zu, dass er in seiner Verzweiflung die ganze zweite Monatsdosis auf einmal schluckte.

Rasch war ihm klar: Er hatte einen Fehler gemacht. Von seinem Nachbarn ließ er sich ins Krankenhaus fahren – und da lag er nun, blass, zittrig und schwitzend. Sein Blutdruck war gefährlich niedrig, sein Herz raste. Er hatte große Angst, an der Überdosis zu sterben. Man versuchte, ihn mit Infusionen zu stabilisieren, aber er blieb lethargisch, sein Zustand änderte sich kaum.

Doch dann kam eine überraschende Nachricht aus dem psychiatrischen Forschungsteam, von dem der Mann seine Pillen bekommen hatte: Um das Medikament zu testen, hatte man die Patientinnen und Patienten zufällig in zwei Gruppen eingeteilt – in eine Gruppe, die das neue Medikament verabreicht bekam, und eine Kontrollgruppe, die nur Placebos erhielt, ganz ohne Wirkstoffe. Wie sich herausstellte, war der eben eingelieferte Patient Teil der Placebogruppe. Die Tabletten, die er geschuckt hatte, konnten überhaupt keinen Effekt haben.

Die furchterregende Überdosis war in Wirklichkeit also völlig harmlos. Als der Patient das erfuhr, war er höchst überrascht und schrecklich erleichtert. Innerhalb von Minuten änderte sich sein Zustand grundlegend: Sein Blutdruck kehrte in den Normalbereich zurück, sein Puls ebenso, er war wieder ansprechbar und aufmerksam. Eine Überdosis Placebos hatte ihn zusammenbrechen lassen – und die Nachricht über die Wirkungslosigkeit der Pillen hatte alles sehr rasch wieder in Ordnung gebracht.

Die Geschichte wurde 2007 publiziert. Was war hier geschehen? Hatte der junge Mann sich seine Beschwerden nur eingebildet? Nein, das kann man so nicht sagen. Sein Zusammenbruch war real. Es ging ihm tatsächlich schlecht. Eine klare äußere Ursache dafür gab es nicht – zumindest nicht in Form eines Medikaments, das chemisch auf ihn einwirkte. Aber das heißt nicht, dass sein Leiden deshalb weniger bedeutsam, weniger angsteinflößend, weniger wirklich war.

Der Placeboeffekt ist ein seltsames Phänomen – und eines, das oft missverstanden wird. Manchmal wird dem menschlichen Geist eine fast magische Macht über den Körper zugeschrieben, eine „Selbstheilungskraft", die angeblich alles in Ordnung bringt, wenn man nur fest daran glaubt. Das ist natürlich Unsinn. Auch wenn man sich ganz fest einredet, dass der gebrochene Knochen plötzlich wieder heil ist, kann man trotzdem nicht wieder laufen. Auch wenn man mit großer Überzeugung beschließt, hervorragende Cholesterinwerte zu haben, ändert das nichts an den Messergebnissen im Laborbefund.

Aber unsere Gesundheit beruht nicht nur auf Labordaten. Auch unsere Gedanken und Gefühle sind Tatsachen, die unser Wohlbefinden bestimmen. Wenn wir Schmerzen haben, dann sind diese Schmerzen real – ganz egal, ob es eine physische Ursache für diese Schmerzen gibt. Wenn wir uns erschöpft, niedergeschlagen und schwach fühlen, dann ist das ein Fakt. Es wäre völlig unsinnig, einen müden Menschen zu untersuchen und anschließend zu sagen: „Nach ausführlicher Analyse deines Kreislaufs, deiner Gehirnströme und deiner Muskelspannung stelle ich fest – du bist gar nicht müde!"

Müde ist, wer sich müde fühlt. Wenn irgendwelche Messergebnisse diese Tatsache nicht widerspiegeln, dann bedeutet das nicht, dass es sich beim Müdigkeitsgefühl um eine Sinnestäuschung handelt, um ein verfälschtes Abbild einer wahren, objektiven Wirklichkeit. Es bedeutet nur, dass die Messergebnisse nicht aussagekräftig sind.

Manche Gedanken in unserem Kopf sind Abbilder einer äußeren Welt. Diese Abbilder sind nie perfekt, sie sind immer unvollständig, sie sind selten völlig zuverlässig. Wenn ich durch ein Teleskop schaue und den Eindruck habe, einen neuen Stern entdeckt zu haben, dann heißt das noch lange nicht, dass dieser Stern Teil der Wirklichkeit ist. Vielleicht habe ich mich geirrt. Vielleicht hat mir meine Netzhaut einen Streich gespielt und das Lichtpünktchen, das ich gesehen habe, ist eigentlich gar nicht da. Vielleicht funktioniert das Teleskop nicht richtig, oder vielleicht handelt es sich auch um einen Asteroiden, den längst schon andere Leute entdeckt haben.

Um wirklich sicher zu sein, muss ich meine Ergebnisse mit anderen Messdaten abgleichen und mit anderen Leuten diskutieren. Bei Gedanken und Gefühlen, die in meinem Kopf wohnen, ist das nicht nötig. Sie sind unbestreitbar. In gewissem Sinn sind sie für mich realer als der Stern, dessen Licht ins Teleskop fällt.

Es kann sein, dass ich mir über meine Gedanken und Gefühle selbst nicht im Klaren bin. Es kann sein, dass ich gefühlsmäßig zu ganz anderen Ergebnissen komme als andere Leute. Es kann sein, dass ich mich selbst anlüge, dass ich bestimmte Gedanken verdränge, dass ich mir selbst nicht eingestehen will, was die Gründe für mein Handeln sind.

Aber wenn ich denke, dass ich denke, dann denke ich. Wenn ich fühle, dass ich fühle, dann fühle ich. Darüber lässt sich nicht verhandeln. Das sind die unbestreitbarsten Tatsachen, die ich als Mensch erleben kann. Keine anderen Fakten sind mir näher.

VIER EBENEN DER WIRKLICHKEIT

Es gibt also verschiedene Ebenen, auf denen man die Welt betrachten kann. Und diese Ebenen greifen manchmal auf erstaunliche Weise ineinander. Wir können versuchen, ein bisschen Ordnung in diese komplizierten Zusammenhänge zu bringen, indem wir die Ebenen klar voneinander unterscheiden. Die Wirklichkeit lässt sich in vier verschiedene Welten aufteilen.

Die Welt der physikalischen Wirklichkeit können wir „Welt eins“ nennen. Diese Welt enthält Elektronen und Neutrinos, Teilchen und Wellen, Energie und Raum und Zeit. Es ist eine Welt, die den Menschen nicht braucht. Ein intergalaktisches Wasserstoffatom hält sich immer an dieselben Naturgesetze, ganz egal, ob es irgendwo auf einem blauen Planeten im äußeren Bereich der Milchstraße Wesen gibt, die diese Naturgesetze kennen oder nicht. Gefühle, Wünsche oder Moral spielen in dieser Welt keine Rolle. Es gibt kein Gut und Böse, es gibt keine Katzenallergie und keine Umsatzsteuer. Es gibt nur Materie und Energie.

„Welt zwei“ ist die Welt der Sinne. Eine Welt von Signalen, die in irgendeiner Weise eine Aussage über die Welt eins tragen. Photonen fallen auf meine Netzhaut und erzeugen dort eine elektrische Aktivität, einen Nervenimpuls, der an mein

Gehirn weitergeleitet wird. Hier ist nun etwas völlig Neues entstanden: ein Signal mit symbolischer Bedeutung.

Der Nervenimpuls selbst ist natürlich auch real. Er trägt Energie, er wird von geladenen Teilchen übertragen – das ist Teil der Welt eins. Aber der Nervenimpuls ist mehr als das: Er steht für etwas. Er ist nicht nur selbst eine Tatsache, sondern er repräsentiert eine Tatsache – nämlich, dass eine ganz bestimmte Sorte Licht aus einer ganz bestimmten Richtung in mein Auge gelangt ist. Er trägt eine Aussage über die Welt in sich.

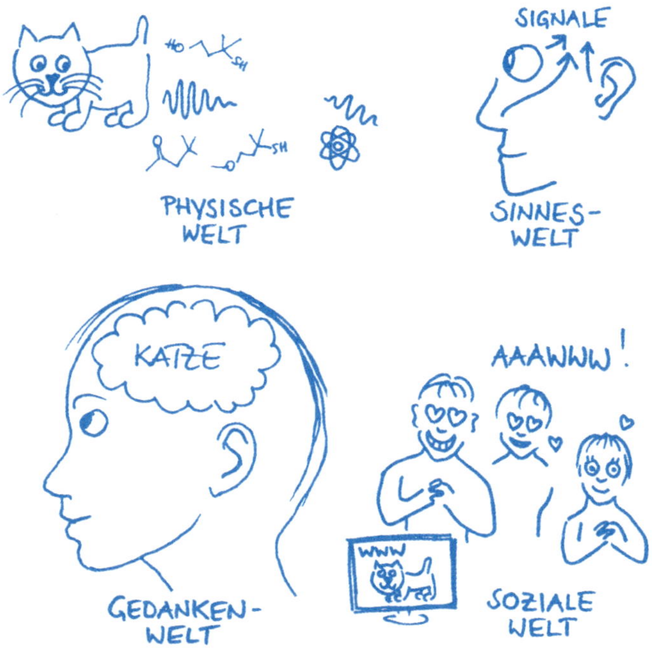

Sogar Einzeller haben solche Welt-zwei-Wahrnehmungen. Das Augentierchen ist nur einige Mikrometer groß, es hat keine komplexe Innenwelt, keine tief empfundenen Vorlieben und keine moralischen Ansichten. Aber es hat einen Fotorezeptor, der Auskunft darüber gibt, aus welcher Richtung das Licht kommt.

So kann sich das Augentierchen passend zur Lichtrichtung bewegen – ganz automatisch, ohne kompliziertes Nachdenken.

Solche bedeutungstragenden Signale können wir auch technologisch herstellen. Die elektronischen Messdaten einer Kamera sind ebenfalls Teil der Welt zwei. Oder die Messungen eines Weltraumteleskops. Oder die Sensordaten eines Rauchmelders, der einen Feueralarm auslöst, sobald die Zahl der Rauchpartikel einen bestimmten Grenzwert übersteigt.

Natürlich bilden solche Sinneswahrnehmungen immer nur einen bestimmten Aspekt der Wirklichkeit ab. Unsere Augen liefern Information über sichtbares Licht. Unsere Ohren liefern Information über Schallwellen in der Luft. Ein Neutrinodetektor liefert Information über Neutrino-Energien. Alle anderen Aspekte der Welt bleiben jeweils unberücksichtigt.

Man kann diese Aspekte aber zusammenführen und miteinander verknüpfen – und dabei entsteht eine „Welt drei". Die Welt drei ist das Bild, das in unserem Kopf aus vielen verschiedenen Sinneseindrücken zusammengefügt wird. Aus einem komplexen Gewimmel unterschiedlicher Informationen bauen wir uns eine Modellwelt.

Das ist wieder eine völlig neue Ebene: Aus Daten wird Wahrnehmung. Aus Signalverarbeitung wird ein Bewusstsein. Einzelne Informationsstückchen, die uns über verschiedene Sinnesorgane erreichen, werden zu einem logischen Netz verwoben – und plötzlich entsteht Bedeutung, so wie aus einer wirren Ansammlung von Wörtern plötzlich eine sinnvolle Geschichte entsteht, wenn man sie auf geeignete Weise aneinanderreiht.

Dieses Weltmodell in unserem Kopf ermöglicht uns zielgerichtetes, planendes Handeln. Mein Weltmodell sagt mir: Die Katze hat vermutlich Hunger. Daher stehe ich auf und fülle ihre Schüssel mit frischem Katzenfutter. Das ist mehr als bloß eine Reaktion auf Sinneseindrücke. Meine Entscheidung, die Katze zu füttern, ist die Konsequenz einer Wirklichkeitssimulation, die in meinem Kopf stattfindet. In meinem Denken habe ich das Objekt „Katze“ angelegt. Ich habe Erfahrung gesammelt und das Katzenmodell in meinem Kopf mit allerlei Eigenschaften verknüpft. Ich habe gelernt, dass die Katze abends kläglich jammernd zwischen meinen Beinen herumstreicht und sich dann mit vorwurfsvollem Blick neben ihren Futternapf setzt. Ich weiß, dass sie das so lange macht, bis sie etwas zu essen bekommt.

Nun kann ich von der gedachten Katze in meinem Kopf auf die wirkliche Katze schließen. Ich sehe, wie spät es ist, und kann ohne große Mühe vorhersagen: Wenn ich jetzt nicht bald die Katze füttere, dann wird sie unzufrieden und kratzt ärgerlich maunzend an meiner Tür.

Diese Welt drei ist aber noch immer nicht alles: Es gibt noch eine weitere Ebene – die Ebene von Sprache, Wissenschaft und Kultur. Das können wir „Welt vier“ nennen. Sie ist die Welt der Gedankengebäude, die von vielen Menschen gemeinsam entwickelt werden.

Demokratie gehört in diese Welt vier. Oder moralische Grundregeln, auf die wir uns einigen müssen, damit das gesellschaftliche Zusammenleben funktioniert. Oder ein verrückter neuer Modetrend, der sich über die ganze Welt ausbreitet. Nichts davon lässt sich auf der Ebene von Einzelpersonen verstehen. All diese Dinge ergeben nur innerhalb einer Gemeinschaft Sinn.

Ein einzelner Mensch, der auf einer einsamen Insel strandet, kann die Insel erforschen, er wird in seinem Kopf ein Welt-drei-Modell der Insel anlegen. Er wird herausfinden, wie er mit der Insel interagieren muss, um überleben zu können. Aber er wird keine neue Kunstströmung anstoßen. Er wird keine neuartige Halbleitertechnologie hervorbringen. Er wird kein komplexes Wirtschaftsmodell entwickeln.

Das sind Konzepte, die sich nur dann ergeben, wenn sich menschliche Gedanken aneinander reiben, wenn unterschiedliche Ideen ausgetauscht werden, wenn Menschen diskutieren, streiten, einander korrigieren. Wenn wir auf technische Hilfsmittel zurückgreifen, die wir ohne fremde Hilfe niemals herstellen könnten. Was dabei entsteht, ist mehr als die Summe der Gedanken aller beteiligten Personen. Es ist eine gesellschaftliche Strömung, die nicht von einzelnen Personen abhängt, sondern durch Gemeinschaft lebt.

Die Wissenschaft ist eine solche gesellschaftliche Strömung: Eine Denktradition, die sich über Jahrtausende entwickelt hat und von unzähligen Menschen getragen wurde. Anders ist Wissenschaft nicht vorstellbar, sie ist zwangsläufig ein Gemeinschaftsprodukt. Wir brauchen also die Welt vier, um gemeinsam etwas über die Wirklichkeit herauszufinden. Neutrinos, Elektronen oder die Lichtwellenlängen ferner Planeten gehören zur Welt eins, aber sie werden uns nur über die Welt vier zugänglich. Wir verdanken der Zusammenarbeit vieler Menschen über Jahrhunderte hinweg, dass unsere Welt drei, unser inneres Bild des Universums, heute so detailreich, umfassend und vielschichtig ist.

Jetzt können wir natürlich überlegen: Welche Ebene ist nun die echte Wirklichkeit? Welche ist die wahre, die eigentliche Welt?

Man könnte sagen: Die wahre Wirklichkeit ist die Welt eins – die Welt der physischen Realität. Alles andere ist eine Konsequenz daraus, ein fehlerbehaftetes Abbild, eine unvollständige Kopie. Kein Sinneseindruck ist jemals perfekt. Keine Vorstellung von der Welt ist jemals exakt. Keine wissenschaftliche Weltsicht ist jemals vollständig.

Das würde bedeuten: Die wahre, unverfälschte Wirklichkeit findet man ganz unten, bei den simpelsten Grundelementen des Universums. Die tatsächliche Realität besteht aus Teilchen, Wellenlängen, Energien. Alles, was sich auf dieser Basis klar definieren lässt, ist wirklich. Der Rest ist erfunden, eingebildet, künstlich.

Auf den ersten Blick erscheint das vielleicht überzeugend und konsequent. Das Problem ist nur: Wenn man etwas länger darüber nachdenkt, muss man feststellen, dass dieser Ansatz völlig unsinnig, unhaltbar und unnütz ist.

FISCHE GIBT ES NICHT

Es war eine harte Ansage. Zumindest für Hobbyangler und Sportfischerinnen: „Ich muss leider berichten, dass es so etwas wie einen Fisch sicherlich nicht gibt", schrieb Stephen Jay Gould im Jahr 1981. Und er musste es wohl wissen: Gould war ein angesehener US-amerikanischer Paläontologe und Evolutionsbiologe. Mit Fischen kannte er sich aus.

Damit wollte Gould natürlich nicht abstreiten, dass schuppige Flossentiere existieren, die im Wasser herumschwimmen. Er leugnete auch nicht die Existenz von Goldfischteichen oder Thunfischsalat. Was Gould aber nachwies: Der Begriff „Fisch" lässt sich wissenschaftlich nicht klar definieren. Biologisch betrachtet ist er keine sinnvolle Kategorie.

Natürlich haben wir alle eine ziemlich klare Vorstellung davon, was ein Fisch ist. Ein Hai ist ein Fisch. Ein Polardorsch ebenfalls. Eine Qualle ist hingegen kein Fisch, eine Kaulquappe auch nicht und eine Kuh ganz sicher nicht. Finden wir eine Definition, die das gut widerspiegelt? Vielleicht können wir sagen: Ein Fisch ist ein Tier mit schuppiger Haut, das durch Kiemen atmet und im Wasser lebt?

Nein, das funktioniert nicht ganz. Es gibt Welse ohne Schuppen. Es gibt Lungenfische, die ohne Kiemen atmen. Es gibt Schlammspringer, die ziemlich viel Zeit außerhalb des Wassers verbringen können. Auch wenn wir eine ziemlich klare Vorstellung davon haben, was ein Fisch ist und was nicht – wir finden keine Kombination von Eigenschaften, die alles einschließt, was uns fischartig erscheint, und gleichzeitig alles ausschließt, was wir nicht als Fisch betrachten wollen.

Aber eigentlich müssen wir das auch gar nicht. Denn in der modernen Biologie sortiert man Tierarten nicht nach gemeinsamen Eigenschaften, sondern nach gemeinsamer Abstammung. Das hat sich als viel nützlicher erwiesen. Die Kategorie „Säugetiere" zum Beispiel ist wissenschaftlich sinnvoll, weil sie einen ganz bestimmten Zweig des evolutionären Stammbaums beschreibt. Alle Säugetiere, die heute leben, stammen von einem gemeinsamen Vorfahren ab.

Dieser Säugetier-Vorfahre dürfte vor ungefähr 180 Millionen Jahren gelebt haben, gleichzeitig mit den Dinosauriern. Während aber viele Dinosaurierarten im Lauf der Zeit immer größer wurden, setzten die frühen Säugetierartigen auf die entgegengesetzte Strategie: Sie wurden immer kleiner, das spart Energie und macht es einfach, ein gutes Versteck zu finden. Nur wenige Zentimeter lang war Morganucodon, ein süßes kleines haariges Tierchen, das wohl ein bisschen wie eine Spitzmaus aussah. Von Tieren, die dem Morganucodon vermutlich recht ähnlich waren, stammen wir alle ab. Jeder Mensch, jede Kuh und jeder Blauwal.

Aber wie ist das bei Fischen? Finden wir da auch einen gemeinsamen Vorfahren? Ja, aber dafür müssen wir ziemlich weit zurückgehen – mehr als 420 Millionen Jahre. So lange ist es mindestens her, dass sich der Stammbaum der Haie und Rochen vom Stammbaum der Knochenfische abspaltete. Aus den frühen Knochenfischen entwickelte sich dann eine gewaltige Vielzahl von Arten – vom Goldfisch im Aquarium bis zum Anglerfisch in der Tiefsee. Allerdings – und das ist das eigentliche Problem hier – stammen von ihnen auch Amphibien, Reptilien, Vögel und Säugetiere ab.

Wenn wir also den Begriff „Fisch" über den biologischen Stammbaum definieren, dann sind auch wir Menschen Fische. Genau wie Kühe, Frösche und Blauwale. Ein Lachs ist mit uns enger verwandt als mit einem weißen Hai. Trotzdem haben wir ganz eindeutig das Gefühl, dass Lachs und Hai irgendwie zu einer gemeinsamen Kategorie gehören, in die wir als Mensch nicht hineinpassen.

Das bedeutet also: „Fisch" ist keine Kategorie der Welt eins. Der Begriff „Fisch" ist ein Konstrukt. Eine ausgedachte Klasse, ohne feste Verankerung in der physischen Wirklichkeit. Aber heißt das, dass es Fische nicht wirklich gibt?

Nein, das heißt es nicht. „Fisch" ist trotzdem ein höchst nützlicher Begriff. Sonst würden wir ihn nicht ständig verwenden. Wir haben uns als Gesellschaft darauf geeinigt, dass wir eine bestimmte, biologisch nicht wirklich zusammengehörige Gruppe von Lebewesen als „Fische" bezeichnen. Das funktioniert bestens. Die Kategorie „Fisch" gibt es – in Welt drei und vier. Somit sind Fische real. Viele Dinge, die keine eindeutige Basis in der physischen Welt haben, sind unbestreitbar wirklich. Sonntage zum Beispiel. Und Liebeskummer. Und Personalpronomen.

Bei näherer Betrachtung stellt sich heraus: Praktisch alle unsere Begriffe, Einteilungen und Kategorien sind in gewissem Sinn konstruiert. Was ist Gemüse? Auch dafür gibt es keine wissenschaftliche Definition. Manche Leute fühlen sich mächtig schlau, wenn sie mit erhobenem Zeigefinger erklären können: „Also wissenschaftlich gesehen ist die Tomate gar kein Gemüse, sondern ein Obst!" Das ist nur völlig irrelevant, wenn ich im Supermarkt keine Tomaten finde, weil ich sie verzweifelt im Obstregal suche. Um reale Probleme zu lösen, muss ich in meinem Kopf mit den Begriffen arbeiten, auf die wir uns gesellschaftlich geeinigt haben.

Was ist ein Planet? Das klingt nach einer klaren Welt-eins-Frage, aber sogar darüber gibt es unterschiedliche Ansichten. Bis 2006 zählte man Pluto dazu, danach ordnete man ihn in die neue Kategorie „Zwergplanet“ ein. Dafür gibt es ausgezeichnete wissenschaftliche Argumente. Trotzdem ist eine solche Entscheidung am Ende immer willkürlich.

Wie viele Hautfarben gibt es bei Menschen? Was ist eine „Rasse“? Wie viele Kontinente hat die Erde? All das sind Fragen, die sich zwar auf reale Dinge beziehen, aber nicht durch wissenschaftliche Beobachtung geklärt werden können. Wir sprechen hier über Welt drei, nicht über Welt eins.

Und dann können wir uns auch fragen: Sind wir selbst ein Konstrukt? Gibt es mich in der Welt eins? Natürlich habe ich einen physischen Körper, der aus ganz bestimmten Atomen besteht. Aber die Zellen, aus denen ich bestehe, sind nicht die Zellen, aus denen ich letztes Jahr bestanden habe. Unser Körper erzeugt pro Jahr rund dreißig Kilogramm an neuen Zellen. Und selbst die besonders langlebigen Zellen in meinem Körper bestehen heute nicht mehr aus denselben Atomen wie in meiner Kindheit. Biomasse, die noch vor einiger Zeit ein Teil von mir war, liegt heute als Staub unter meinem Bett. Atome, die demnächst ein Teil von mir sein werden, liegen heute noch als Schokolade im Supermarktregal.

Ich bin also vielleicht so etwas Ähnliches wie ein Fußballklub. Der FC St. Pauli ist ein Team, das 1910 gegründet wurde. Keiner der damaligen Spieler ist heute noch dabei. Aber der Klub hat heute Spieler, die mit älteren Spielern zusammen spielten, die ihrerseits mit älteren Spielern zusammen spielten, die – wenn man diese Reihe lange genug fortsetzt – als ursprüngliches Gründungsteam auf dem Fußballplatz standen. Auch wenn sich das Team viele Male vollständig erneuert hat, gibt es eine ungebrochene Kontinuität.

Aus welchen Atomen besteht der FC St. Pauli? Das ist eine unsinnige Frage. Trotzdem ist der FC St. Pauli real. Nicht als Welt-eins-Objekt – aber doch als Idee mit unbestreitbaren, beobachtbaren Auswirkungen. Das trifft auf mich als Mensch auch zu. Ich bin nicht wirklich ein physisches Objekt, sondern eher eine bewegliche Eigenschaft der Materie. Man könnte sagen: ein Traditionsverband von Atomen.

Wenn wir also darauf bestehen, dass die „wahre Wirklichkeit" nur die Welt eins ist, die materielle, physische Welt, in der alles objektiv beziffert werden kann, in der menschliche Ideen keine Rolle spielen, was ist dann noch wirklich? Wenn wir alles Erdachte, Konstruierte, Meinungsabhängige radikal weglassen, dann bleibt von der Welt, wie wir sie kennen, fast nichts mehr übrig.

Dann gibt es keine Fische, keine Planeten und nicht einmal uns selbst. Dann besteht das Universum streng genommen nur aus Raum, Zeit und Quantenfeldern. Aus einem wilden Teilchengewimmel, das bestimmten mathematischen Gesetzen gehorcht. Das ist alles. Und das ist ein bisschen wenig.

Wenn das die ganze Wirklichkeit sein soll, dann können wir unsere Wahrnehmungen nicht wirklich erklären. Wenn das die ganze Wirklichkeit sein soll, dann müssen wir zugeben: Die Wirklichkeit ist auch nicht wahr.

GIBT ES MACHT, GESCHLECHTER UND SOZIALE KLASSEN?

In den Geistes- und Sozialwissenschaften betrachtet man die Welt klarerweise ein bisschen anders. Dort analysiert man menschliche Wahrnehmung und menschliche Ideen eher von der anderen Seite – nicht von der Welt eins aus, sondern eher von der Welt vier aus.

Der französische Philosoph Michel Foucault zeigte: Unser Bild von der Wirklichkeit hängt ganz wesentlich von Machtstrukturen ab. Was passiert, wenn jemand Stimmen hört oder Visionen hat? Im Mittelalter hätte vielleicht die Kirche festgelegt, dass es sich um göttliche Eingebungen handelt und die Person als Prophet bezeichnet. Im 18. Jahrhundert wäre man mit denselben Symptomen vielleicht in eine Irrenanstalt gesperrt worden, und im 19. Jahrhundert hätte man als psychiatrischer Patient gegolten, der medizinische Hilfe braucht.

In allen drei Fällen wäre man überzeugt gewesen, die objektive Wirklichkeit rational und logisch zu erklären. Und doch sind die drei Sichtweisen völlig unvereinbar. Auch wenn wir davon überzeugt sind, dass wir eine Entscheidung absolut ideologiefrei treffen, dass wir fair und präzise die Fakten beurteilen, dass wir völlig wissenschaftlich und vorurteilsfrei arbeiten – wir werden trotzdem immer von gesellschaftlichen Konventionen und Machtverhältnissen beeinflusst, egal ob uns das bewusst ist oder nicht.

Das bedeutet natürlich nicht, dass es keine Wahrheit gibt oder dass Wahrheit davon abhängt, wer gerade besonders mächtig ist. Wissenschaft bedeutet, dass man Thesen gezielt überprüft und dass auch Ideen mächtiger Leute scheitern können, wenn sie nicht mit der Beobachtung übereinstimmen. Aber es ist eine Illusion, sich die Suche nach der Wahrheit als reine, unverfälschte, intellektuelle Erforschung der Welt eins vorzustellen. Die Wahrheiten, die wir uns erarbeiten, sind immer Gemeinschaftsgeschichten, geboren aus einer ganz bestimmten Kultur einer ganz bestimmten Zeit.

Die US-amerikanische Philosophin und Geschlechterforscherin Judith Butler befasst sich intensiv mit Kategorien wie „Mann“ und „Frau“. Haben diese Begriffe eine Basis in der Welt eins? In gewissem Sinn sicher. Männlichkeit und Weiblichkeit hat mit objektiven, messbaren Tatsachen der physischen Welt zu tun – mit Hormonen und mit Chromosomen zum Beispiel. Aber ist das alles? Und ist das wirklich die nützlichste Art, über diese Kategorien nachzudenken?

Butler untersucht Geschlechterkategorien auf einer völlig anderen Ebene. Für sie ist Geschlecht etwas „Performatives" – es entsteht durch wiederholte Handlungen innerhalb gesellschaftlicher Regeln. Männlich ist, wer Männliches tut. Und was das ist, entscheiden alle zusammen. So prägen Konventionen aus der Welt vier unser Modell von Geschlecht in unserer Welt drei – und letztlich auch unsere Welt zwei-Wahrnehmungen.

Ähnlich verhält es sich mit der Einteilung von Menschen in soziale Klassen. Der französische Soziologe Pierre Bourdieu analysierte, dass gesellschaftliche Unterschiede nicht nur durch Geld und Besitz festgelegt werden, sondern durch Habitus – ein System von Umgangsformen, Vorlieben und Gewohnheiten, durch die wir oft ganz unbewusst unsere Klassenzugehörigkeit demonstrieren.

Gehen wir lieber ins Rockkonzert oder in die Oper? Finden wir Bücher über Wissenschaft interessant oder langweilig? Trinken wir lieber Dosenbier oder teuren Rotwein? Das sind nicht einfach nur Eigenheiten, die sich zufällig ergeben. Es sind kulturelle Signale, mit denen wir zeigen, zu welcher Gruppe wir gehören.

Man kann Seminare buchen, in denen man lernt, Weinfehler zu identifizieren. Man bezahlt Geld, um durch Training ganz bestimmte Geschmacksnoten unangenehm zu finden, die man vorher vielleicht gar nicht bemerkt hätte. Das klingt völlig irrational. Es ist ein bisschen so, als würde man sich künstlich eine Nahrungsmittelallergie verpassen lassen.

Aber man verschafft sich dadurch soziales Kapital. Man kann mit dem Geschäftspartner bei der nächsten Abendveranstaltung darüber diskutieren, man kann zeigen, dass man kultiviert und wohlhabend genug ist, um nur das Beste zu trinken. Der Sinnesreiz durch den Wein ist eigentlich derselbe wie zuvor – aber man verarbeitet ihn nach dem Seminar völlig anders, um zu einer bestimmten Gruppe zu gehören.

Solche Überlegungen gehen weit über den Rahmen dieses Buchs hinaus – das sind Themen für Philosophinnen und Philosophen, und es gibt eine unüberschaubare Vielfalt an Literatur dazu. Aber was können wir daraus über die Physik der Sinne lernen? Was folgt daraus für eine naturwissenschaftliche Sicht auf die Welt?

DAS ERFUNDENE IST ECHT!

Auch in der Naturwissenschaft müssen wir anerkennen, dass unsere Sinneseindrücke nicht einfach eine Einbahnstraße sind, von der physischen Welt über unsere Sinneswahrnehmungen bis zum Bild in unserem Kopf. Es ist komplizierter. Wie wir festgestellt haben, sind auch unsere Wahrnehmungen in gewissem Sinn Konstruktionen.

Wir hören. Töne sind wohldefinierte Luftschwingungen mit unterschiedlichen Frequenzen. Sie lassen sich physikalisch messen, mathematisch analysieren und abspeichern. Aber das allein ist ziemlich uninteressant. Wichtig sind für uns ganz andere Dinge: Ist es Lärm oder ist es Musik? Ist es ein rhythmischer Takt oder ein chaotisches Geklapper? Ist es eine sanfte Melodie oder eine schräge Dissonanz? Das hängt von unserem Musikgeschmack ab, von unserer Erziehung, von der Zeit und der Kultur, in der wir aufwachsen.

Wir sehen. Aber nicht einmal der simple Begriff „Farbe" lässt sich klar und objektiv physikalisch definieren. Farbe ist ein Konstrukt. Natürlich hat unsere Farbwahrnehmung etwas mit Wellenlängen des Lichts zu tun – aber sie ist bedeutend vielschichtiger als das. Wir nehmen eine Kombination von Wellenlänge, Helligkeit und Farbsättigung wahr, wir sortieren Farben auf eine Weise, die uns seit unserer Kindheit anerzogen wurde, wir ziehen Grenzen zwischen unterschiedlichen Farbbegriffen, die völlig willkürlich sind. Zwei Menschen können dasselbe Linienmuster sehen und darin völlig unterschiedliche Objekte erkennen. Wir können eine Spiegelbrille aufsetzen, die alles auf den Kopf stellt, und uns trotzdem nach einer gewissen Zeit recht gut zurechtfinden. Wir können Symbole sehen, die manche Menschen begeistern und andere erzürnen.

Wir riechen und schmecken. Aber wir haben radikal unterschiedliche Ansichten darüber, wie man diese Eindrücke kategorisieren soll. Was für den einen ein spannender, komplexer Duft ist, mag für die andere ein widerlicher Gestank sein. Wir sind uns sehr uneinig darüber, was man essen kann und was nicht. Das liegt manchmal an genetischen Unterschieden, die aus identischen chemischen Reizen unterschiedliche sensorische Signale machen – aber oft liegt es auch einfach an Konvention, Gewohnheit und Training.

Wir fühlen. Aber was Schmerzen sind und was sich angenehm anfühlt, ist völlig subjektiv. Nicht einmal unser Gefühl für Temperatur – eine scheinbar ganz klar definierbare physikalische Größe – entspricht dem, was ein Messgerät anzeigen würde. Wir spüren eigentlich eine komplizierte Kombination aus Wärmeleitungseffekten und Strahlung, die physikalisch kaum zu definieren ist.

Das bedeutet nicht, dass unsere Wahrnehmungen bloß Illusion sind. Was wir wahrnehmen, ist die Konsequenz einer äußeren Wirklichkeit – aber genauso ist es auch eine Konsequenz unserer Annahmen über die Welt, unserer Erfahrung und unserer Kultur. Beide Sichtweisen sind wichtig.

Wenn wir Naturwissenschaft betreiben, verwenden wir zwangsläufig Kategorien, die wir Menschen erfunden haben. Wir können wissenschaftlich untersuchen, welchen Einfluss neue Naturschutzgesetze auf die Blaufisch-Population im Indischen Ozean haben. Aber Naturschutzgesetze gibt es nicht in der Welt eins. Sie sind ein gesellschaftliches Konstrukt. Genau wie die Grenzen des Indischen Ozeans oder die Begriffe „Population“, „Fisch“ und „blau“.

Es ist also eine Illusion, Naturwissenschaft als Beschreibung der Welt eins zu sehen. Darum geht es eigentlich gar nicht. Naturwissenschaft handelt von der Welt drei. Sie beschreibt eigentlich keine äußere Welt, sondern sie erklärt unsere Gedanken an eine äußere Welt – mit Begriffen, die wir Menschen erfunden haben. Mit Kategorien, die in der Welt da draußen unabhängig von uns vielleicht gar keinen Sinn ergeben.

Es gehört zur Tradition der Naturwissenschaft, die Welt von unten her zu denken. Wir untersuchen Elementarteilchen und überlegen, wie sich daraus komplexe Moleküle bilden. Und wie daraus Leben entsteht, ein Bewusstsein, eine Gesellschaft. Wir haben gelernt, dass es hier eine feste Reihenfolge gibt, so wie beim Hausbau, wo jedes neue Stockwerk auf dem vorangegangenen errichtet wird.

Aber Wissenschaft zu betreiben ist nicht wie Häuserbauen. Es ist eher so, als würden wir ein unbekanntes Gebäude erforschen. Und damit beginnt man nicht unbedingt ganz unten, im tiefsten Keller, sondern dort, wo man einen Zugang findet. Üblicherweise im Erdgeschoß. Wie viele Stockwerke es darunter und darüber gibt, wird sich dann schon zeigen.

Die Frage ist nicht: Wie folgen aus den unverrückbaren Gesetzen der Teilchenphysik unsere komplizierten, künstlichen Empfindungen? Sondern: Wie können wir mit komplizierten, künstlichen Begriffen das erklären, was für uns unverrückbar wahr ist – nämlich das Universum unserer Gedanken?

Die Naturwissenschaft ist dazu da, menschliche Vorstellungen zu ordnen, genau wie die Geisteswissenschaft. Der Unterschied ist nur, dass die Vorstellungen der Naturwissenschaft enger mit der physischen Welt zusammenhängen. Wenn es in der Naturwissenschaft eine Meinungsverschiedenheit gibt, kann man gemeinsam überlegen, welches Experiment man durchführen muss, um herauszufinden, wer recht hat. In der Geisteswissenschaft ist das komplizierter.

HÖHLE? DAS IST KEINE HÖHLE!

Das bedeutet: Das gute alte Höhlengleichnis, das wir von Platon kennen, unterschätzt die Welt in unserem Kopf. Das Höhlengleichnis erzählt uns, dass es da draußen eine objektive, wahre Wirklichkeit gibt, doch wir sitzen in unserer Wahrnehmungswelt fest, wie ein Gefangener in der Höhle, der an der Höhlenwand nur die Schatten der Außenwelt sehen kann.

Die Wahrnehmung ist demnach bloß ein verfälschtes Abbild, ein unvollkommener Abklatsch der Realität. Wir können vielleicht versuchen, durch kluge Tricks unsere Wahrnehmungsfehler zu verringern, wir können uns bemühen, der Wirklichkeit möglichst nahe zu kommen, aber was wir auch unternehmen – unsere Wahrnehmung als Gefangene in der Höhle der Sinne wird immer unvollständig sein, wird immer weniger reichhaltig und wertvoll sein als die eigentliche Wahrheit, die irgendwo da draußen ist.

Das ist verkehrt herum gedacht. Die Welt in unseren Köpfen ist kein Schatten, kein gefiltertes Abbild der Wirklichkeit. Sie ist die eigentliche Wirklichkeit. Sie ist der interessanteste Teil der Welt. Sie ist keine Täuschung, sondern eine Schöpfung. Wie eine Geschichte, die sich jemand ausdenkt und als Schattenspiel auf eine Leinwand zaubert. In dem Fall ist der Schatten der spannende Teil der Wirklichkeit. Wenn wir nur die Schattenspielerhände selbst beobachten und den Schatten ignorieren, werden wir die Geschichte nicht verstehen.

Gibt es mehr Dinge zwischen Himmel und Erde, als unsere Schulweisheit sich träumen lässt? Durch unsere Schulweisheit können wir mehr erträumen, als es zwischen Himmel und Erde gibt! Wir beobachten, erforschen und interpretieren die Welt – und erzeugen dabei eine Welt, die unvergleichlich viel größer, reicher und vielfältiger ist als die physische Welt allein. Wir leben nicht einfach in einer Welt aus Elementarteilchen und Energie. Unsere Wirklichkeit enthält Fische und Farben und Feierstimmung.

Wir haben Naturwissenschaft entwickelt – um zu verstehen, wie diese Wirklichkeit in unseren Köpfen mit der physischen Welt zusammenhängt. Wir haben Kunst entwickelt – um gemeinsam neue, fantastische Wirklichkeiten zu erfinden. Wir haben Schrift, Sprache und globale Kommunikationstechnologie entwickelt – um unsere Gedanken besser miteinander teilen zu können.

Nichts davon ist schattenhaft, gefälscht oder eingebildet. Es ist alles echt, wirklich und bedeutsam. Wie ein Schmerz, unabhängig davon, ob man seine Ursache kennt. Wie eine freudige Nachricht, die meinen Puls nach oben treibt. Wie eine Idee, die sich über die Welt verbreitet und Menschen ganz real für mehr Gerechtigkeit kämpfen lässt.

Wir sind keine Gefangenen in einer Höhle, die nur einen kleinen Teil der Wahrheit erfassen. Wir sind eher wie jemand, der nachts in den Himmel blickt und staunt. Wenn uns jemand sagt, dass sich dort über uns ein einengendes Himmelsgewölbe spannt, eine undurchdringliche Höhlendecke mit kleinen Löchern, durch die das Licht der äußeren Wahrheit dringt, dann sollten wir ihn freundlich an der Hand nehmen und sagen: Nein. Das sind Sterne. Hier ist keine Höhle. Über uns sind unendliche Weiten.

Unser gesamtes Empfinden findet in einem kleinen, merkwürdig zerfurchten Materieblob statt, den wir niemals verlassen können – in unserem Gehirn. Aber das schränkt unsere Wirklichkeit nicht ein, unser Gehirn macht die Wirklichkeit erst wirklich interessant.

Es gibt viel zu bedenken in unserem Universum. Und manchmal ist das nicht so einfach. Aber gemeinsam erweitern wir die Grenzen der Wirklichkeit, die sich denken lässt.

LITERATUR

DAS UNIVERSUM IM KOPF

Luca Parmitanos Weltraumabenteuer

Parmitano, L. (2025). Interview, 5. Februar 2025, Wien. (Persönliches Gespräch über den EVA-Vorfall 2013 und Wahrnehmung im Weltraum.)

Riftia pachyptila und die Symbiose

Cavanaugh, C. M. (1983). ‚Symbiotic chemoautotrophic bacteria in marine invertebrates from sulphide-rich habitats.' *Nature*, 302, 58–61.

Kann man das Innenleben anderer Wesen erkennen?

Nagel, T. (1974). ‚What is it like to be a bat?' *The Philosophical Review*, 83(4), 435–450.

Dennett, D. C. (1991). *Consciousness Explained*. Boston: Little, Brown and Company.

Evolutionäre Erkenntnistheorie

Riedl, R. (1980). *Biologie der Erkenntnis: Die stammesgeschichtlichen Grundlagen der Vernunft*. Berlin & Hamburg: Parey.

Wuketits, F. M. (2008). ‚Evolutionäre Erkenntnistheorie und Menschenbild., In Klose, J. & Oehler, J. (eds.), *Gott oder Darwin?* Berlin & Heidelberg: Springer.

Das Höhlengleichnis

Platon (ca. 380 v. Chr.). *Politeia*, Buch VII.

Das problematische Konzept von Menschenrassen

Templeton, A. R. (2013). ‚Biological races in humans.' *Studies in History and Philosophy of Biological and Biomedical Sciences*, 44(3), 262–271.

Solipsismus und die Logikerin

Russell, B. (1948). *Human Knowledge: Its Scope and Limits*. London: George Allen & Unwin.

Solipsismus-Zitat von R. Riedl

Riedl, R. (1987). *Kultur: Spätzündung der Evolution? Antworten auf Fragen an die Evolutions- und Erkenntnistheorie*. München: Piper, 77.

Perspektivübernahme bei Raben

Bugnyar, T., Reber, S. A. & Buckner, C. (2016). ‚Ravens attribute visual access to unseen competitors.' *Nature Communications*, 7, 10506.
Bugnyar, T. & McAllister-Käfer, P. (2025). *Raben: Das Geheimnis ihrer erstaunlichen Intelligenz und sozialen Fähigkeiten*. Wien: Brandstätter Verlag.

HÖREN

Beethoven und die Neunte Sinfonie

Albrecht, T. (2014). ‚Die Uraufführungen von Beethovens Sinfonie Nr. 9 (Mai 1824) aus der Perspektive des Orchesters.' *Wiener Oboen-Journal*, 61, 6–16.

Beethovens Hörbehelfe

Perciaccante, A., Coralli, A. & Bauman, N. G. (2020). ‚Beethoven: His hearing loss and his hearing aids.' *Otol Neurotol*, 41(9), 1305–1308.

Cochlea-Implantate

Hochmair, I. et al. (2015). ‚Deep electrode insertion and sound coding in cochlear implants.' *Hearing Research*, 322, 14–23.
Gfeller, K., Veltman, J., Mandara, R. et al. (2022). ‚Technological and rehabilitative concerns: Perspectives of cochlear implant recipients who are musicians.' *Trends in Hearing*, 26.

Menschlicher Hörbereich und Rückgang im Alter

Gates, G. A. & Mills, J. H. (2005). ‚Presbycusis.' *The Lancet*, 366(9491), 1111–1120.

Welche Frequenzbereiche können Tiere hören?

Heffner, H. E. & Heffner, R. S. (2007). ‚Hearing ranges of laboratory animals.' *Journal of the American Association for Laboratory Animal Science*, 46(1), 20–22.

Heffner, H. E. & Heffner, R. S. (2008). ‚High-frequency hearing.‘ In Dallos, P., Oertel, D. & Hoy, R. (eds.), *Handbook of the Senses: Audition*, 55–60.

Elefanten und der Infraschall

O’Connell-Rodwell, C. E. (2007). ‚Keeping an “ear” to the ground: Seismic communication in elephants.‘ *Physiology (Bethesda)*, 22, 287–294.

Stöger, A. (2023). *Elefanten – Ihre Weisheit, ihre Sprache und ihr soziales Miteinander*. Wien: Brandstätter Verlag.

Intervalle und Frequenzverhältnisse

Parncutt, R. & Hair, G. (2018). ‚A psychocultural theory of musical interval: Bye bye Pythagoras.‘ *Music Perception*, 35(4), 475–501.

Hindemith, Paul (1942). *The Craft of Musical Composition: Book 1 – Theoretical Part* (4th edn; English translation by Arthur Mendel). New York: Associated Music Publishers; London: Schott & Co.

Spektrum und Klangfarbe von Instrumenten

Meyer, J. (2015). *Akustik und musikalische Aufführungspraxis*, 6., erweiterte Auflage. Bergkirchen: PPVMedien, Edition Bochinsky.

Nicht-Universalität musiktheoretischer Phänomene

Savage, P. E., Brown, S., Sakai, E. & Currie, T. E. (2015). ‚Statistical universals reveal the structures and functions of human music.‘ *Proceedings of the National Academy of Sciences of the United States of America*, 112(29), 8987–8992.

McDermott, J., Schultz, A., Undurraga, E. et al. (2016). ‚Indifference to dissonance in native Amazonians reveals cultural variation in music perception.‘ *Nature*, 535, 547–550.

Ombak – Schwebungen in der Gamelan-Musik

Sethares, W. A., Vitale, W. (2020). ‚Ombak and octave stretching in Balinese gamelan‘, *Journal of Mathematics and Music*, 16 (1), 1–17.

Zitat von G. List

List, G. (1971). ‚On the non-universality of musical perspectives.‘ *Ethnomusicology*, 15(3), 399–402.

Richtungshören mit künstlicher Pinna

Hofman, P., Van Riswick, J. & Van Opstal, A. (1998). ‚Relearning sound localization with new ears.' *Nature Neuroscience*, 1, 417–421.

Das Pseudophon

Young, P. T. (1928). ‚Auditory localization with acoustical transposition of the ears.' *Journal of Experimental Psychology*, 11(6), 399–429.

Echolokation bei Menschen

Thaler, L. & Goodale, M. A. (2016). ‚Echolocation in humans: An overview.' *WIREs Cognitive Science*, 7, 382–393.
Norman, L. J., Dodsworth, C., Foresteire, D. & Thaler, L. (2021). ‚Human click-based echolocation: Effects of blindness and age, and real-life implications in a 10-week training program.' *PLOS ONE*, 16(6), e0252330.
NPR (2015). ‚How to become Batman.' *Invisibilia*, 22. Januar 2015. (Interview mit Daniel Kish.)

SEHEN

Homers Farbwörter

Gladstone, W. E. (1858). *Studies on Homer and the Homeric Age*. Oxford: At the University Press.
Deutscher, G. (2010). *Through the Language Glass: Why the World Looks Different in Other Languages*. London: William Heinemann.
Sampson, G. (2013). ‚Gladstone as linguist.' *Journal of Literary Semantics*, 42, 1–29.

Vom Einzeller zum Menschenauge

Nilsson, D.-E. & Pelger, S. (1994). ‚A pessimistic estimate of the time required for an eye to evolve.' *Proceedings of the Royal Society B*, 256, 53–58.
Nilsson, D.-E. (2009). ‚The evolution of eyes and visually guided behaviour.' *Philosophical Transactions of the Royal Society B*, 364, 2833–2847.

Historische Arbeiten über das Licht

Newton, I. (1952). *Opticks: Or, A Treatise of the Reflections, Refractions, Inflections and Colours of Light*. New York: Dover Publications. (Orig. 1704.)

Young, T. (1804). ‚Experiments and calculations relative to physical optics.' *Philosophical Transactions of the Royal Society of London*, 94, 1–16.

Einstein, A. (1905). ‚Über einen die Erzeugung und Verwandlung des Lichtes betreffenden heuristischen Gesichtspunkt., *Annalen der Physik*, 17, 132–148.

Über den Welle-Teilchen-Dualismus

Feynman, R. P. (1965). *The Character of Physical Law*. Cambridge, MA: MIT Press.

Widerlegung der Äther-Theorie

Michelson, A. A. & Morley, E. W. (1887). ‚On the relative motion of the Earth and the luminiferous ether.' *American Journal of Science*, 34, 333–345.

Lubbock und die Ameisen

Lubbock, J. (1882). *On the Senses, Instincts, and Intelligence of Animals, with Special Reference to Insects*. London/New York: D. Appleton and Company.

Lubbock, J. (1882). ‚Observations on ants, bees, and wasps. Part IX.' *Journal of the Linnean Society of London, Zoology*, 16, 141–159.

Lubbock, J. (1881). ‚Observations on the habits of ants.' *Nature*, 24, 142–143.

Wahrnehmbarer Wellenlängenbereich

Sliney, D. (2016). ‚What is light? The visible spectrum and beyond.' *Eye*, 30, 222–229.

Der blaue Farn Selaginella willdenowii

Thomas, K. R., Kolle, M., Whitney, H. M., Glover, B. J. & Steiner, U. (2010). ‚Function of blue iridescence in tropical understorey plants.' *Journal of the Royal Society Interface*, 7(53), 1699–1707.

Vignolini, S., Moyroud, E., Glover, B. & Steiner, U. (2013). ‚Analysing photonic structures in plants.' *Journal of the Royal Society Interface*, 10, 20130394.

Das Blau des Himmels

Bohren, C. F. & Fraser, A. B. (1985). ‚Colors of the sky.' *The Physics Teacher*, 23, 267–272.

Das Spektrum von Magenta

Rosi, T., Malgieri, M., Onorato, P. & Oss, S. (2016). ‚What are we looking at when we say magenta? Quantitative measurements of RGB and CMYK colours with a homemade spectrophotometer.' *European Journal of Physics*, 37, 065301.

Detektierbarkeit einzelner Photonen

Tinsley, J., Molodtsov, M., Prevedel, R. et al. (2016). ‚Direct detection of a single photon by humans.' *Nature Communications*, 7, 12172.

Das menschliche Auge, Stäbchen und Zapfen

Kolb, H., Fernández, E., Jones, B. & Nelson, R. (eds). (1995). *Webvision: The Organization of the Retina and Visual System*. Salt Lake City: University of Utah Health Sciences Center.

Farbreproduktion, additive und subtraktive Farbmischung

Hunt, R. W. G. (2004). *The Reproduction of Colour*, 6th edn. Chichester: Wiley.

Das orangerote Fell des Tigers als Tarnung

Fennell, J. G., Talas, L., Baddeley, R. J., Cuthill, I. C. & Scott-Samuel, N. E. (2019). ‚Optimizing colour for camouflage and visibility using deep learning: The effects of the environment and the observer's visual system.' *Journal of the Royal Society Interface*, 16, 20190183.

Claude Monet

Marmor, M. F. (2006). ‚Ophthalmology and art: Simulation of Monet's cataracts and Degas' retinal disease.' *Archives of Ophthalmology*, 124, 1764–1769.

Cruz, R. M., Berchieri, A. M., Sartori, M. M., Ferreira, F. V. & Fernandes, R. A. (2019). ‚Claude Monet: cataracts and colours.' *Revista Brasileira de Oftalmologia*, 78, 304–307.

Die Farbe „Olo“

Fong, J., Sabesan, R., Roorda, A. et al. (2025). ‚Novel color via stimulation of individual photoreceptors at population scale.‘ *Science Advances*, 11(16), eadu1052.

Farbenblindheit, Männer und Frauen

Neitz, M. & Neitz, J. (2000). ‚Molecular genetics of color vision and color vision defects.‘ *Archives of Ophthalmology*, 118, 691–700.

Relativität der Farbe, Tetrachromatie

Jameson, K. A., Winkler, A. D., Herrera Ortiz, C. F. & Goldfarb, K. (2015). ‚The veridicality of color: A case study of potential human tetrachromacy.‘ *Glimpse*, 12.

Jameson, K. A., Highnote, S. M. & Wasserman, L. M. (2001). ‚Richer color experience in observers with multiple photopigment opsin genes.‘ *Psychonomic Bulletin & Review*, 8, 244–261.

Jordan, G., Deeb, S. S., Bosten, J. M. & Mollon, J. D. (2010). ‚The dimensionality of color vision in carriers of anomalous trichromacy.‘ *Journal of Vision*, 10(8), 12.

Historische Entwicklung von Farbbegriffen

Berlin, B. & Kay, P. (1969). *Basic Color Terms: Their Universality and Evolution*. Berkeley: University of California Press.

Farbbegriffe der Himba in Namibia

Roberson, D., Davidoff, J. & Davies, I. (2005). ‚Colour categories in Himba: Evidence for the cultural relativity hypothesis.‘ *Cognitive Psychology*, 50(4), 378–411.

Russisches Blau: „Sinij“ und „Goluboj“

Winawer, J., Witthoft, N., Frank, M. C., Wu, L., Wade, A. R. & Boroditsky, L. (2007). ‚Russian blues reveal effects of language on color discrimination.‘ *Proceedings of the National Academy of Sciences of the United States of America*, 104, 7780–7785.

Über die Universalität der Farbwahrnehmung

Saunders, B. A. C. & van Brakel, J. (1997). ‚Are there nontrivial constraints on color categorization?‘ *Behavioral and Brain Sciences*, 20, 167–228.

Kay, P. & Berlin, B. (1997). ‚Reply to Saunders and van Brakel.‘ *Behavioral and Brain Sciences*, 20, 196–201.

Wahrgenommene Größe und Entfernung bei Kindern

Granrud, C. E. (2012). ‚Judging the size of a distant object: Strategy use by children and adults.‘ In Hatfield, G. & Allred, S. (eds), *Visual Experience: Sensation, Cognition, and Constancy* (Oxford: Oxford University Press), 13–34.

Die Innsbrucker Brillenversuche

Kohler, I. (1951). *Über Aufbau und Wandlung der Wahrnehmungswelt*. Innsbruck: Universitätsverlag Wagner.

Kohler, I. (1962). ‚Experiments with goggles.‘ *Scientific American*, 206(5), 62–72.

Ritter, M. (1986). ‚In memoriam em. O. Univ.-Prof. Dr. phil. Ivo Kohler (1915–1985)., *Berichte des Naturwissenschaftlich-medizinischen Vereins in Innsbruck*, 73, 231–238.

Verkehrt-Sehen bei Babys

Banks, M. S. & Salapatek, P. (1983). ‚Infant visual perception.‘ In Haith, M. M. & Campos, J. J. (eds), *Handbook of Child Psychology: Infancy and Developmental Psychobiology*, Vol. 2. New York: Wiley, 435–571.

Gregory, R. L. (1997). *Eye and Brain: The Psychology of Seeing*, 5th edn. Princeton: Princeton University Press.

RIECHEN UND SCHMECKEN

Menschen als Spuren-Schnüffler

Porter, J. et al. (2007). ‚Mechanisms of scent tracking in humans.‘ *Nature Neuroscience*, 10(1), 27–29.

Vergleich Mensch/Tier

Laska, M. (2017). ‚Human and animal olfactory capabilities compared.‘ In Buettner, A. (ed.), *Springer Handbook of Odor*, 81–82. Cham: Springer.

McGann, J. P. (2017). ‚Poor human olfaction is a 19th-century myth.‘ *Science*, 356(6338), eaam7263.

Joy Milne und Parkinson

Trivedi, D. K. et al. (2019). ‚Discovery of volatile biomarkers of Parkinson's disease from sebum.' *ACS Central Science*, 5(4), 599–606.

Morgan, J. (2016). ‚Joy of super smeller: Sebum clues for PD diagnostics.' *The Lancet Neurology*, 15(2), 138–139.

Geruchswiedererkennung

Cain, W. S. (1979). ‚To know with the nose: Keys to odor identification.' *Science*, 203(4379), 467–470.

Physiologie des Riechens

Buck, L. & Axel, R. (1991). ‚A novel multigene family may encode odorant receptors: A molecular basis for odor recognition.' *Cell*, 65(1), 175–187.

Axel, R. (2005). ‚Scents and sensibility: A molecular logic of olfactory perception.' *Nature Reviews Neuroscience*, 6, 711–722.

Kombinationscodierung und Mischungen

Malnic, B., Hirono, J., Sato, T. & Buck, L. B. (1999). ‚Combinatorial receptor codes for odors.' *Cell*, 96(5), 713–723.

Shen, K., Tootoonian, S. & Laurent, G. (2013). ‚Encoding of mixtures in a simple olfactory system.' *Neuron*, 80(5), 1246–1262.

Meister, M. (2015). ‚On the dimensionality of odor space.' *eLife*, 4, e07865.

Biologie des Geschmackssinns

Chaudhari, N. & Roper, S. D. (2010). ‚The cell biology of taste.' *Journal of Cell Biology*, 190(3), 285–296.

Niknafs, S., Navarro, M., Roura, E. & Schneider, E. R. (2023). ‚The avian taste system.' *Frontiers in Physiology*, 14, 1235377.

Behrens, M. & Lang, T. (2022). ‚Extra-oral taste receptors – Function, disease, and perspectives.' *Frontiers in Nutrition*, 9, 881177.

Kyriazis, G. A., Smith, K. R., Tyrberg, B., Hussain, T. & Pratley, R. E. (2014). ‚Sweet taste receptors regulate basal insulin secretion and contribute to compensatory insulin hypersecretion during the development of diabetes in male mice.' *Endocrinology*, 155(6), 2112–2121.

Der Wels, die „schwimmende Zunge“

Caprio, J., Brand, J. G., Teeter, J. H., Valentinčič, T., Kalinoski, D. L., Kohbara, J., Kumazawa, T. & Wegert, S. (1993). ‚The taste system of the channel catfish: From biophysics to behavior.‘ *Trends in Neurosciences*, 16(5), 192–197.

Hänig und die Zungenareale

Hänig, D. P. (1901). ‚Zur Psychophysik des Geschmackssinnes., *Philosophische Studien*, 17, 576–623.
Spence, C. (2022). ‚The tongue map and the spatial modulation of taste perception.‘ *Current Research in Food Science*, 5, 598–610.

Das Jacobson-Organ und Pheromone beim Menschen

Wyatt, T. D. (2015). ‚The search for human pheromones: The lost decades and the necessity of returning to first principles.‘ *Proceedings of the Royal Society B: Biological Sciences*, 282(1804), 20142994.
Trotier, D. (2011). ‚Vomeronasal organ and human pheromones.‘ *European Annals of Otorhinolaryngology, Head and Neck Diseases*, 128(4), 184–190.
D'Aniello, B., Rosen, D., Milone, A. & Ercolini, L. (2017). ‚The vomeronasal organ: A neglected organ.‘ *Frontiers in Neuroanatomy*, 11, 70.

Unterschiedliche Geruchsrezeptoren bei Menschen

Mainland, J. D. et al. (2014). ‚The missense of smell: Functional variability in the human odorant receptor repertoire.‘ *Nature Neuroscience*, 17(1), 114–120.
Menashe, I., Man, O., Lancet, D. & Gilad, Y. (2003). ‚Different noses for different people.‘ *Nature Genetics*, 34, 143–144.

Androstenon, Gene und Empfindung

Keller, A., Zhuang, H., Chi, Q. et al. (2007). ‚Genetic variation in a human odorant receptor alters odour perception.‘ *Nature*, 449, 468–472.
Wysocki, C. J. & Beauchamp, G. K. (1984). ‚Ability to smell androstenone is genetically determined.‘ *Proceedings of the National Academy of Sciences of the United States of America*, 81, 4899–4902.
Knaapila, A., Hwang, L.-D., Zhu, G. et al. (2012). ‚Genetic variation of an odorant receptor OR7D4 and sensory perception of cooked meat containing androstenone.‘ *PLOS ONE*, 7, e35259.

Gillmeister, A., Nagai, M. H., Margot, C., Meesa, P., Matsunami, H. & Hummel, T. (2025). ‚Olfactory training in specific anosmia to androstenone and its association with genetic variations of OR7D4.‘ *IBRO Neuroscience Reports*, 19, 245–251.

Koriandergeschmack und Genetik

Eriksson, N. et al. (2012). ‚A genetic variant near olfactory receptor genes influences cilantro preference.‘ *Flavour*, 1, 22.

Spence, C. (2023). ‚Coriander (cilantro): A most divisive herb.‘ *International Journal of Gastronomy and Food Science*, 33, 100779.

Geschmacksvorlieben von Babys

Mennella, J. A. & Bobowski, N. K. (2015). ‚The sweetness and bitterness of childhood: Insights from basic research on taste preferences.‘ *Physiology & Behavior*, 152, 502–507.

Wagner, S., Issanchou, S., Chabanet, C. et al. (2013). ‚Infants' hedonic responsiveness to food odours: A longitudinal study during and after weaning (8, 12 and 22 months).‘ *Flavour*, 2, 19.

Steiner, J. E., Glaser, D., Hawilo, M. E. & Berridge, K. C. (2001). ‚Comparative expression of hedonic impact: Affective reactions to taste by human infants and other primates.‘ *Neuroscience & Biobehavioral Reviews*, 25(1), 53–74.

Henning und olfaktorische Abstraktion

Henning, H. (1924). *Der Geruch: Ein Handbuch für die Gebiete der Psychologie, Physiologie, Zoologie, Botanik, Chemie, Physik, Neurologie, Ethnologie, Sprachwissenschaft, Literatur, Ästhetik und Kulturgeschichte*, 2. Aufl. Leipzig: J. A. Barth.

Sprache und Geruch

Majid, A. & Burenhult, N. (2014). ‚Odors are expressible in language, as long as you speak the right language.‘ *Cognition*, 130(2), 266–270.

Carvon-Enantiomere

Geithe, C., Protze, J., Kreuchwig, F., Krause, G. & Krautwurst, D. (2017). ‚Structural determinants of a conserved enantiomer-selective carvone binding pocket in the human odorant receptor OR1A1.‘ *Cellular and Molecular Life Sciences*, 74(22), 4209–4229.

Metallgeruch ist Körpergeruch

Glindemann, D., Dietrich, A., Stärk, H.-J. & Kuschk, P. (2006). ‚The two odors of iron when touched or pickled: (Skin) carbonyl compounds and organophosphines.' *Angewandte Chemie International Edition*, 45(42), 7006–7009.

Petrichor

Bear, I. J. & Thomas, R. P. (1964). ‚Nature of argillaceous odour.' *Nature*, 201, 993–995.

Der Geruch des Meeres

Stefels, J. & van Boekel, W. H. M. (1993). ‚Production of DMS from dissolved DMSP in axenic cultures of the marine phytoplankton species Phaeocystis sp.' *Marine Ecology Progress Series*, 97(1), 11–18.

Schärfe ist kein Geschmack, sondern ein Gefühl

Caterina, M. J., Schumacher, M. A., Tominaga, M., Rosen, T. A., Levine, J. D. & Julius, D. (1997). ‚The capsaicin receptor: A heat-activated ion channel in the pain pathway.' *Nature*, 389, 816–824.

FÜHLEN

Ashlyn Blocker und Schmerzunempfindlichkeit

Nagasako, E. M., Oaklander, A. L. & Dworkin, R. H. (2003). ‚Congenital insensitivity to pain: An update.' *Pain*, 101(3), 213–219.

Heckert, J. (2012). ‚The hazards of growing up painlessly.' *New York Times Magazine*, 15. November 2012.

Al-Biltagi, M., Bediwy, A. S. & Mattar, M. E. (2021). ‚Congenital insensitivity to pain, with impaired pulmonary functions, and diminished cough reflex.' *Pediatric Pulmonology*, 56(1), 21–22.

Entstehung von Nervensignalen durch mechanische Einflüsse/ unterschiedliche Sinneszellen

Douguet, D. & Honoré, E. (2019). ‚Mammalian mechanoelectrical transduction: Structure and function of force-gated ion channels.' *Cell*, 179(2), 340–354.

Handler, A. & Ginty, D. D. (2021). ‚The mechanosensory neurons of touch and their mechanisms of activation.‘ *Nature Reviews Neuroscience*, 22(9), 521–537.
Ziolkowski, L. H., Gracheva, E. O. & Bagriantsev, S. N. (2023). ‚Mechanotransduction events at the physiological site of touch detection.‘ *eLife*, 12, e84179.

Geschwindigkeiten sensorischer Signale

Olausson, H., Marshall, A., Nagi, S. S. & Cole, J. (2024). ‚Slow touch and ultrafast pain fibres: Revisiting peripheral nerve classification.‘ *Clinical Neurophysiology*, 163, 255–262.

Auflösungsvermögen des Tastsinns

Purves, D., Augustine, G. J. & Fitzpatrick, D. (eds). (2001). *Neuroscience*, 2nd edn. Sunderland, MA: Sinauer Associates. Kapitel ‚Differences in mechanosensory discrimination across the body surface'.
Skedung, L., Arvidsson, M., Chung, J. Y., Stafford, C. M., Berglund, B. & Rutland, M. W. (2013). ‚Feeling small: Exploring the tactile perception limits.‘ *Scientific Reports*, 3, 2617.

Fingerabdrücke und Tastsinn

Malcolm, T. (2021). ‚The importance of touch and friction to the evolution of fingerprints in primates.‘ *Young Anthropology*, 3, 21–26.
Henneberg, M., Lambert, K. M. & Leigh, C. M. (1998). ‚Fingerprinting a chimpanzee and a koala: Animal dermatoglyphics can resemble human ones.‘ In: *Proceedings of the Conference of the Australian and New Zealand International Symposium on the Forensic Sciences 1996*.

Der „Homunculus“ im somatosensorischen Cortex

Roux, F.-E., Djidjeli, I. & Durand, J.-B. (2018). ‚Functional architecture of the somatosensory homunculus detected by electrostimulation.‘ *The Journal of Physiology*, 596(5), 941–956.

Gleichzeitigkeit und zeitliche Ordnung der Sinne

Jagini, S. (2021). ‚Temporal binding in multisensory and motor-sensory contexts: Toward a unified model.‘ *Frontiers in Human Neuroscience*, 15, 629437.

Emotionale Berührung und CT-Fasern

Olausson, H., Lamarre, Y., Backlund, H. et al. (2002). ‚Unmyelinated tactile afferents signal touch and project to insular cortex.' *Nature Neuroscience*, 5(9), 900–904.

Schirmer, A. (2023). ‚What are C-tactile afferents and how do they relate to "affective touch"?' *Neuroscience & Biobehavioral Reviews*, 155, 105341.

Damasios „Somatic Marker Hypothesis"

Damasio, A. R. (1996). ‚The somatic marker hypothesis and the possible functions of the prefrontal cortex.' *Philosophical Transactions of the Royal Society of London B: Biological Sciences*, 351(1346), 1413–1420.

Die „Power Pose" ändert wenig

Metzler, H. & Grèzes, J. (2019). ‚Repeatedly adopting power postures does not affect hormonal correlates of dominance and affiliative behavior.' *PeerJ*, 7, e6726.

Effekte von „facial feedback" sind gering

Coles, N. A., Larsen, J. T. & Lench, H. C. (2019). ‚A meta-analysis of the facial feedback literature: Effects of facial feedback on emotional experience are small and variable.' *Psychological Bulletin*, 145(6), 610–651.

Propriozeption und Ian Waterman

Cole, J. & Waterman, I. (1995). *Pride and a Daily Marathon*. Cambridge, MA: MIT Press.

McNeill, D., Quaeghebeur, L. & Duncan, S. (2008). ‚IW – "the man who lost his body".' In Gallagher, S. & Schmicking, D. (eds), *Handbook of Phenomenology and Cognitive Science*. Dordrecht: Springer, 519–546.

Die Pinocchio-Illusion

Lackner, J. R. (1988). ‚Some proprioceptive influences on the perceptual representation of body shape and orientation'. *Brain*, 111(2), 281–297.

Temperaturen im Hermite-Krater am Mond
Calla, O. P. N., Mathur, S. & Gadri, K. L. (2016). ‚Quantification of water ice in the Hermite-A crater of the lunar north pole.' *IEEE Geoscience and Remote Sensing Letters*, 13(7), 926–930.

Temperaturabschätzungen (Gasmoleküle und Sonneninneres)
Berechnung nach dem Äquipartitionstheorem: Für Teilchen der Masse m bei Temperatur T ergibt sich die mittlere Geschwindigkeit aus $v=(3k_BT/m)^\wedge(1/2)$ – mit Boltzmannkonstante k_B, Temperatur T und Teilchenmasse m. Das ergibt für Stickstoff (N_2) bei Raumtemperatur (300 K) ca. 500 m/s und für H im Sonneninneren (1.5e7K) ca. 600.000 m/s. Festkörperatome werden ganz analog näherungsweise als harmonische Oszillatoren modelliert.

Wärmestrahlung und gefühlte Temperatur
Guo, H., Aviv, D., Loyola, M., Teitelbaum, E., Houchois, N. & Meggers, F. (2019). ‚On the understanding of the mean radiant temperature within both the indoor and outdoor environment: A critical review.' *Renewable and Sustainable Energy Reviews*, 117, 109207.

Abschätzung der subjektiven Kälte im Weltraum
Abschätzungen auf Basis des Stefan-Boltzmann-Gesetzes: $P = \sigma A T^4$ mit $\sigma = 5.67\times10^{-8}$ W/(m²K⁴), angenommener Hauttemperatur T = 305 K und Oberfläche A ≈ 1.8 m² ergibt eine Abstrahlleistung von rund 880 W. Bei spezifischer Wärmekapazität von 3500 J/(kg·K) und Körpermasse 75 kg entspricht das etwa 0.0033 K/s bzw. 1 K in 5 Minuten. Der Gesamtwärmeverlust in Atmosphäre bei einer Umgebungstemperatur von T_U setzt sich aus Abstrahlung und Konvektion zusammen. Wir setzen für die Konvektion an: $P_K=hA(T-T_U)$, mit einem Wärmeübertragungskoeffizienten h von ca. 5 W/(m² K). Die Abstrahlung erhält nun einen Term für die Strahlungsaufnahme: $P = \sigma A(T^4-T_U^4)$. P_K+P entspricht den 880 W, die ohne Atmosphäre und ohne Einstrahlung abgegeben werden, wenn die Umgebungstemperatur einen Wert von ca. T_U = -17°C annimmt.

DER SECHSTE SINN

Die Guugu Yimithirr

Levinson, S. C. (1997). ‚Language and cognition: The cognitive consequences of spatial description in Guugu Yimithirr.' *Journal of Linguistic Anthropology*, 7(1), 98–131.

Orientierungssinn der Brieftauben und Magnetrezeption

Walcott, C. (1996). ‚Pigeon homing: Observations, experiments and confusions.' *Journal of Experimental Biology*, 199(1), 21–27.

Mora, C., Davison, M., Wild, J. M. & Walker, M. M. (2004). ‚Magnetoreception and its trigeminal mediation in the homing pigeon.' *Nature*, 432, 508–511.

Rodgers, C. T. & Hore, P. J. (2009). ‚Chemical magnetoreception in birds: The radical pair mechanism.' *Proceedings of the National Academy of Sciences of the United States of America*, 106(2), 353–360.

Nordmann, G. C., Hochstoeger, T. & Keays, D. A. (2017). ‚Magnetoreception – a sense without a receptor.' *PLOS Biology*, 15(10), e2003234.

Möglicher Magnetsinn beim Menschen

Sastre, A., Graham, C., Cook, M. R., Gerkovich, M. M. & Gailey, P. (2002). ‚Human EEG responses to controlled alterations of the Earth's magnetic field.' *Clinical Neurophysiology*, 113(9), 1382–1390.

Wang, C. X., Hilburn, I. A., Wu, D.-A. et al. (2019). ‚Transduction of the geomagnetic field as evidenced from alpha-band activity in the human brain.' *eNeuro*, 6(2), ENEURO.0483-18.2019.

Elektrosinn von Welsen und Haien (Lorenzinische Ampullen)

Dijkgraaf, S. (1968). ‚Electroreception in the catfish, *Amiurus nebulosus*.' *Experientia*, 24(2), 187–188.

Kalmijn, A. J. (1971). ‚The electric sense of sharks and rays.' *Journal of Experimental Biology*, 55, 371–383.

Kalmijn, A. J. (1982). ‚Electric and magnetic field detection in elasmobranch fishes.' *Science*, 218(4575), 916–918.

Der menschliche Gleichgewichtssinn

Rabbitt, R. D. (2019). ‚Semicircular canal biomechanics in health and disease.' *Journal of Neurophysiology*, 121(3), 732–755.

Paranormale Forschung in Princeton und bei der CIA

Broad, W. J. (2007). ‚Princeton stumbles in bid to repeat paranormal experiments.' *The New York Times*, 10. Februar 2007.

American Institutes for Research (1995). *An Evaluation of Remote Viewing: Research and Applications*. Bericht im Auftrag der CIA (Star Gate Program).

Polidoro und die Zener-Karten

Polidoro, M. (2018). ‚A telepathy investigation.' *Skeptical Inquirer*, 42(5) Sept./Okt. 2018.

Werkzeuggebrauch bei Tieren

Seed, A. & Byrne, R. (2010). ‚Animal tool-use.' *Current Biology*, 20(23), R1032–R1039.

Braun, D. R., Carvalho, S., Kaplan, R. S. et al. (2025). ‚Stone selection by wild chimpanzees shares patterns with Oldowan hominins.' *Journal of Human Evolution*, 199, 103625.

Hunt, G. R. (1996). ‚Manufacture and use of hook-tools by New Caledonian crows.' *Nature*, 379, 249–251.

Patterson, E. M. & Mann, J. (2011). ‚The ecological conditions that favor tool use and innovation in wild bottlenose dolphins (*Tursiops* sp.).' *PLOS ONE*, 6(7), e22243.

Das Pferd frisst keinen Gurkensalat – das erste Telefon

Hemmer, R. & Meßner, D. (2022). ‚Kleine Geschichte des ersten Telefons aus Geige und Stecknadel., *Spektrum der Wissenschaft*, Kolumne „Hemmer und Meßner erzählen“, 24. August 2022.

Poppe, A. (1893). ‚Philipp Reis und das Telephon., *Die Gartenlaube*, 1893, Heft 14, 235–239.

Röntgens Entdeckung

Röntgen, W. C. (1935). *Briefe an L. Zehnder: Mit den Beiträgen „Geschichte seiner Entdeckung der Röntgenstrahlen“ und „Röntgens Einstellung zur Renaissance der klassischen Physik“*. Zürich: Rascher & Cie.

Röntgen, W. C. (1896). *Über eine neue Art von Strahlen (Vorläufige Mittheilung)*, 2. Aufl. Würzburg.

Zusammensetzung der Sonnenatmosphäre

Payne, C. (1925). *Stellar Atmospheres*. PhD-Thesis, Radcliffe College, Cambridge, MA.

Fu, G., Welbanks, L., Deming, D. et al. (2024). ‚Hydrogen sulfide and metal-enriched atmosphere for a Jupiter-mass exoplanet.‘ *Nature*, 632, 752–756.

Das Rasterkraftmikroskop

Binnig, G., Quate, C. F. & Gerber, Ch. (1986). ‚The atomic force microscope.‘ *Physical Review Letters*, 56, 930–933.

Neutrinos im Eis

IceCube Collaboration (2018). ‚Multimessenger observations of a flaring blazar coincident with high-energy neutrino IceCube-170922A.‘ *Science*, 361, eaat1378.

Dunkle Materie

Bertone, G. & Hooper, D. (2018). ‚History of dark matter.‘ *Reviews of Modern Physics*, 90, 045002.

DIE WIRKLICHKEIT IST AUCH NICHT WAHR

Der Patient mit der Placebo-Überdosis

Reeves, R. R., Ladner, M. E., Hart, R. H. & Burke, R. S. (2007). ‚Nocebo effects with antidepressant clinical drug trial placebos.‘ *General Hospital Psychiatry*, 29, 275–277.

Physische Realität und gesellschaftliche Konstruktion

Popper, K. R. & Eccles, J. C. (1985). *The Self and Its Brain: An Argument for Interactionism*, corrected 2nd printing. Berlin: Springer.

„Fische gibt es nicht“ – problematische Kategorien

Gould, S. J. (1983). ‚What, if anything, is a zebra?’ In *Hen’s Teeth and Horse’s Toes: Further Reflections in Natural History*, 355–365. New York: W. W. Norton.

Vorfahren aller Säugetiere

Damas, J., Corbo, M., Kim, J. et al. (2022). ‚Evolution of the ancestral mammalian karyotype and syntenic regions.' *Proceedings of the National Academy of Sciences of the United States of America*, 119(40), e2209139119.

Der Mensch wechselt regelmäßig seine Zellen aus

Sender, R. & Milo, R. (2021). ‚The distribution of cellular turnover in the human body.' *Nature Medicine*, 27(1), 45–48.

Der FC St. Pauli als soziale Konstruktion

Schmidt-Lauber, B. (ed.). (2004). *FC St. Pauli: Zur Ethnographie eines Vereins*, Vol. 4. Münster: LIT Verlag.

Foucault und Machtstrukturen

Foucault, M. (1965). *Madness and Civilization: A History of Insanity in the Age of Reason*. New York: Pantheon Books. (Französisches Original 1961.)

Butler und Performativität

Butler, J. (1990). *Gender Trouble: Feminism and the Subversion of Identity*. New York: Routledge.

Bourdieu und Habitus

Bourdieu, P. (1984). *Distinction: A Social Critique of the Judgement of Taste*. Cambridge, MA: Harvard University Press.

Liebe Leser*innen,

bleiben wir in Verbindung!
Wir freuen uns auf Ihre Anregungen, Kritik und Wünsche.
leserbrief@brandstaetterverlag.com

Christian Brandstätter Verlag GmbH & Co KG
Wickenburggasse 26, 1080 Wien
Tel: +43 1 512154320

Viele weitere Leseinspirationen und Geschenkideen finden Sie unter
www.brandstaetterverlag.com

1. Auflage, 2026

ISBN: 978-3-7106-0929-9

Illustrationen: Florian Aigner
Gestaltung: Burkhard Finken / Finken & Bumiller, Stuttgart
Lektorat: Teresa Profanter
Projektleitung: Judith E. Innerhofer

Papier: Salzer EOS 1,5-fach (FSC®- und PEFC-zertifiziert)
Druck: Graspo Cz, Zlín (CZ)

Wir tragen Verantwortung
Aus diesem Grund haben wir uns auf den Weg gemacht, um unseren Einfluss auf das Klima und auf den Planeten zu minimieren. Anstelle von Kompensationszahlungen, und über die üblichen Umweltlabel hinausgehend, haben wir uns das Ziel gesteckt, den CO_2-Ausstoß auf allen Ebenen signifikant zu verringern – entlang der gesamten Wertschöpfungskette von der Idee bis zum Buch in Ihren Händen. Mehr Informationen finden Sie unter www.brandstaetterverlag.com/nachhaltigkeit

Bei Fragen zur Sicherheit unserer Produkte wenden Sie sich bitte an
verantwortung@brandstaetterverlag.com